航空機設計法　実践編

――小型ジェット旅客機からハイブリッド
電動航空機の概念設計まで――

工学博士　李家　賢一　著

コロナ社

まえがき

拙著「航空機設計法――軽飛行機から超音速旅客機の概念設計まで――」を上梓してから8年が経過したが，お蔭様で多くの方に受け入れていただいたと聞いている。もともとは東京大学工学部航空宇宙工学科の学部3年生後半から4年生前半までの1年間をかけて講義している「航空機設計法」で使用する学部学生向けの教科書として刊行されたわけであるが，企業や研究所の現場で実務に携わっておられる方々にも使用していただけたのは望外な喜びであり，大変有り難く感謝している次第である。

一方で，上記教科書（以降，「前著」と呼ぶ）は，ページ数の制約の関係で，1年間の講義内容のすべてを盛り込むことはできなかった。特に二部構成の後半部分（*II*部[注]）の記述は，設計の考え方と進め方を紹介する程度になり，具体的な設計データや設計例を紹介することができなかったため，心苦しく思っていた経緯がある。

本書は，前著の続編として，具体的な設計例を示すことで，学部レベルではあるが，読者に航空機概念設計の全体を把握していただくとともに，設計例を参考にして，機体規模や形態の異なる航空機についても設計例と同様な概念設計を行っていただくことを目的としている。そこで，本書を「航空機設計法 実践編」と名付けることとした。

ところで，前著刊行時には，わが国初めてのジェット旅客機 Mitsubishi SpaceJet（旧称 MRJ）の開発がすでに始まっていたが，まだ実際には機体は飛行していない状況であった。それが現在では，型式証明を得るための飛行試験を行う段階に至っている。このような認証に至る過程で，航空機設計と開発に際して考慮すべき多くの事項が新たに判明してきている状況でもある。そこで，本書では，これらの最新の航空機開発を取り巻く実情を多少なりとも読者に掴んでもらうことを考え，各章の末尾に掲載する「コーヒーブレイク」にて紹介することとした。なお，「コーヒーブレイク」では，前著と同じく航空機の運用に関する話題も，今回はおもに計器飛行に関連した話を中心にしていくつか紹介している。

本書は，三部構成となっている。I 部では，前著の*I*部と*II*部で紹介した概念設計の流れを初めから具体例を挙げて示している。前著を読了した読者を対象とするため，前著に記載した内容の細かい説明は省いてある。設計例として，わが国で将来開発が行われることが期待される小型ジェット旅客機を取り上げた。前著で詳しくは掲載できなかった設計推算手法や設計データについては付録に記載するとして，I 部では設計の流れを示すことに集中した。ただし，付録 A は前著で記すことのできなかった機体の空力特性推算法を詳細に述べているので，これを参照しながら読み進めていただきたい。II 部では，「新型航空機に対する概念設計手法の適用」と題して，I 部で取り上げた一般的な機体とは異なる形態や機能を有する新型航空機について概念設計を行う考え方を理解してもらうことを目的とした。そのために，将来の環境適合型航空機として現在注目されているハイブリッド電動航空機を具体例に取り上げて紹介する。III 部では，「航空機システムの考慮」と題して，航空機システムとも呼ばれる航空機に用いられる数多くの装備品に関する事柄を取り上げる。航空機を開発し認証を得るためには，機体やエンジンの開発だけではなく，この航空機システムの開発が非常に重要な要素となっている。ここでは，航空機システムの概要を述べるとともに，機体の概念設計と航空機システムの関連についても説明する。

ところで，I 部の前半の設計作業は手計算で設計作業を行うことが十分に可能であるが，後半は作業量が多いために，各種の設計支援ツールを用意した。詳しくは付録Cで説明しているが，I 部の設計作業で実際に用いたツールを読者に提供している。具体的には，コロナ社 Web サイトの本書の紹介ページ[†]よ

† https://www.coronasha.co.jp/np/isbn/9784339046632/

り入手できるようにしているが，ツールを使用したことによる結果の影響については一切の責任を負いかねるので，読者の責任においてのみの利用としていただきたい。

本書の内容が，将来の航空機設計開発に携わりたいと考えている学生諸氏ならびに若い技術者の方々に少しでも役立てば幸いである。

2019 年 11 月

李家　賢一

注）前著「航空機設計法――軽飛行機から超音速旅客機の概念設計まで――」の見出しの番号や図表番，式番などを本書中で表記する場合はイタリック体（斜体）で表記しているので，必要に応じて前著の該当箇所を参照していただきたい。

目　　　　次

I部　航空機概念設計の詳細
～小型ジェット旅客機を例にとって～

1.　設計要求と機体一般配置の決定

2.　主要諸元の決定（第1次）

3.　初期機体三面図の描画に向けた作業

4.　全機空力特性の推算

5.　主要諸元の決定（第 2 次）

6.　機体性能評価と機体三面図の見直し

II部　新型航空機に対する概念設計手法の適用
～ハイブリッド電動航空機を例にとって～

7.　地球温暖化防止を目指したハイブリッド電動航空機について

8.　ハイブリッド電動航空機の概念設計法と設計例

Ⅲ部 航空機システムの考慮

9. 航空機システムとは

10. 2次動力システムの構成と概念設計への影響

付録 A　機体に働く揚力と抵抗の推算方法

付録 B　エンジン性能曲線の見積り ……… 152

付録 C　表計算ソフトを活用した各種推算支援ツール

付録D　加速停止距離の見積り

I　部

航空機概念設計の詳細

～小型ジェット旅客機を例にとって～

1 章から *14* 章に至るまで各章内で紹介した概念設計法を用いて，定員 120 名，航続距離 2 500 nm の小型ジェット旅客機の概念設計を行う。このⅠ部の終わりまでに機体三面図の描画と見直しを終え，修正された機体三面図を完成させることまでを目標とする。

1

設計要求と機体一般配置の決定

I部では，前著で詳述した概念設計の流れを一つの機体例に対して実際に適用する。この例を通じて，概念設計の詳細を把握してもらいたい。なお，本書での「概念設計」とは，前著でも述べたとおり，あくまでも設計の最初の段階で行う作業であり，ここで得られた機体設計例がそのまま実機とはならないことをあえて繰り返しておく。

1.1　設　計　要　求(*1.1.4*項)

小型ジェット旅客機を例にとって概念設計を行う。現在開発中のリージョナルジェット機 Mitsubishi SpaceJet（旧称 MRJ）は定員 90 名であるが，今後わが国で開発される機体の一つの可能性として，Mitsubishi SpaceJet よりも定員と航続距離を増した小型ジェット旅客機がある。ここでは，そのような機体について概念設計を行うことを考えたい。

ここで検討する機体の**設計要求**が，**表 1.1** のように与えられているとする。定員 120 名，航続距離 2 500 nm の小型ジェット旅客機である。大手航空機メーカーの Boeing 737 や Airbus A320 よりも小型であり，ボンバルディア社の C シリーズ（現 Airbus A220）やエンブラエル社の E-Jet シリーズとほぼ同規模の機体である。このような機体は，大手メーカー機市場とリージョナルジェット機市場の隙間を狙った機体に該当し，将来的に一定の機体需要があると予測されている[1)†]。

---

† 肩付き数字は，巻末の引用・参考文献の番号を表す。

表 1.1　120 人乗り小型ジェット旅客機の設計要求例（飛行フェーズ説明図付き）

ペイロード	乗客 120 名 （単一クラス，ほかにパイロット 2 名とキャビンアテンダント 3 名）
航続距離	2 500 nm，200 nm 先の代替空港，さらに 45 分の空中待機
巡航高度	35 000 ft
巡航速度	マッハ 0.78
離陸距離	6 000 ft（FAR），海面上
着陸距離	$W_{L}=0.85W_{TO}$ にて 5 000 ft（FAR），海面上
エンジン	ターボファン
法　規	FAR25

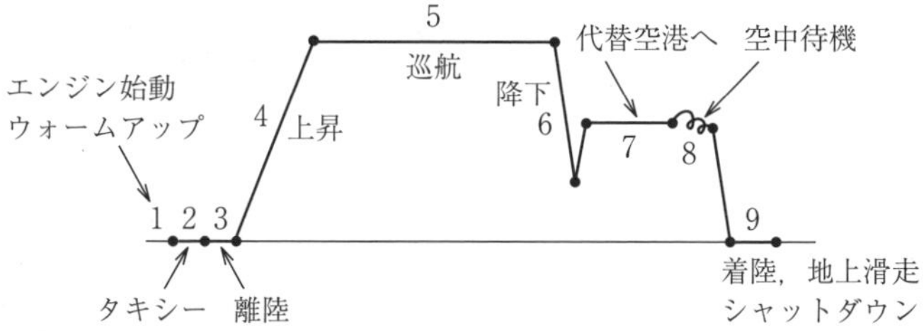

1.2　機体一般配置の決定（2 章）

概念設計の最初の段階として，*2* 章に従って，**機体一般配置**の決定を行う。

まず主翼の上下位置について，**表 1.2** にまとめた。なお，中翼配置は，客室内を主翼が貫通することもあり，旅客機への適用は考えられないために表からは省いた。今回の設計機体は旅客機であるため，乗客の安全性を考えて，表 1.2 の低翼配置を選択する。

つぎに**エンジン配置**について，**表 1.3** にまとめた。今回の設計機体の類似機体を参照してエンジンは双発とする。エンジン配置のうち主翼埋め込み式は，将来のエンジン換装に不向きであり，整備性も悪いため，表から省いた。また，Honda Jet に採用されている主翼上方配置は，地上に伝播するエンジン騒音の低減の効果は期待できる。ただし，主翼上方配置でかつ主翼が低翼機の場合は乗客の視界を遮ることもあり，また主翼上のエンジンの整備性も悪いた

表 1.2　主翼上下位置の検討

	高翼機	低翼機
利点	・床面が低いため貨物の積卸しに便利 ・短距離離着陸航空機（STOL）に向いている（主翼に取り付けられた高揚力装置の効果を発揮しやすい）	・客席の床を高めることで，機体規模にもよるが床下に貨物を積める ・非常着水（ditching）時に乗客の脱出が容易 ・胴体着陸時に客席へのダメージが少ない
欠点	・主脚が長くなる，あるいは胴体内にバルジを設けて主脚を収納する必要がある	・エンジンが主翼下方取付け型の場合は，エンジンと地面との距離が短い

表 1.3　エンジン配置の検討

	胴体後方取付け	主翼下方取付け
利点	・主翼にエンジンがないため，主翼の空力特性が向上，フラップの効きも良い ・機体後方を除いて，客席内の騒音が比較的低い	・構造的利点あり（主翼翼根部曲げモーメントの低減と空力弾性現象の緩和） ・エンジン整備性が高い
欠点	・水平尾翼との位置関係によってディープストールのおそれあり ・全機重心が後方になりやすい	・エンジン片発停止時の機体に働くヨーイングモーメントに注意 ・エンジンと地面の距離が小さい

め，ここでの検討からは省いた。表 1.3 より，胴体後方取付け，主翼下方取付けの両者共に，今回の設計機体への適用は可能（それぞれの欠点は致命的なものではない）と一旦判断しておく。

尾翼配置のうち垂直尾翼は，一般的な 1 枚翼を採用する。二重垂直尾翼方式あるいは V 尾翼方式もあり得るが，前者は飛行運動性の高い機体向きであること，また後者は操舵機構が複雑になることもあり，共に今回の設計機体では採用は考えない。

つぎに，水平尾翼について**表 1.4** にまとめた。上述のエンジン配置において胴体後方取付けを選んだ場合は，水平尾翼は高翼配置（T-tail 方式）になり，主翼下方取付けを選んだ場合は，低翼配置を選ぶことになる。

最後に**脚配置**であるが，尾輪配置，自転車配置共に旅客機には不向きであり，主翼に主脚 2 基，胴体前方に前脚 1 基を配置する前輪配置を選択することになる。

表 1.4　水平尾翼配置の検討

	低翼配置	高翼配置
利点	・胴体に取り付けるため，構造的に無理がない	・アームレングスが長いため，水平尾翼面積を小さくできる
欠点	・主翼からの吹き下ろし位置に設置しないように注意する	・整備性が悪い ・垂直尾翼の構造強度を高める必要あり ・ディープストールに注意する

以上，まとめると，今回の設計機体で考えられる機体一般配置としては，2種類あり

（a）　主翼：低翼，エンジン（双発）：主翼下方取付け，尾翼：低翼，
脚：前輪式

（b）　主翼：低翼，エンジン（双発）：胴体後方取付け，尾翼：高翼，
脚：前輪式

と分類できる。**図 1.1** に 2 種類のスケッチ図を示す。両者共に機体成立性では

（a）　エンジン主翼下方取付け型

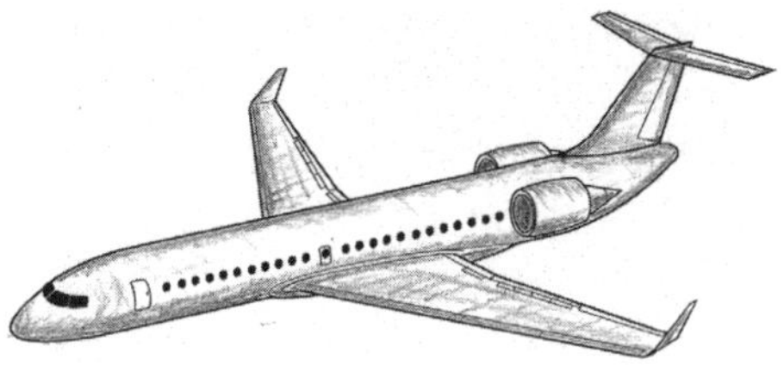

（b）　エンジン胴体後方取付け型

図 1.1　設計機体スケッチ図の例

遜色がないと考えられるが，ここでは，エンジンや機体の整備性が比較的高いと思われる機体（a）を以降の設計対象として扱うこととしたい。

コーヒーブレイク

認　証　取　得

1.1.5〔*5*〕項で述べたように，開発されてきた航空機が実際に運用を開始して飛行するためには，航空当局による検査に合格して，**型式証明**（T/C，type certification）を取得したうえで，機体ごとに**耐空証明**（A/W，airworthiness certification）を取得しなければならない。型式証明と耐空証明の両者を合わせて**認証取得**と呼ばれ，わが国でこれらの取得作業は航空法に基づいて行われている。ここでは文献 1)，2）に基づいて，その概要を簡単に紹介したい。

航空機は世界中を飛行するため，国際民間航空条約（シカゴ条約）の下で国際的な枠組みが決められている[1)]。まず，機体設計国が設計に関する基準適合性を確認して型式証明（T/C）を発行する。型式証明の基準の一つめとして，安全が確保されるための機体の強度，構造，性能に関する基準があり，わが国では航空法の耐空性審査要領が該当する。基準の二つめは，騒音やエンジンからの排出物に関する国際民間航空条約に規定された環境基準である。つぎに，機体製造国は，耐空性（飛行の安全性があるか）を有する航空機が製造されているかを保証する。これらに基づいて実際に機体を保有して飛行させる国（登録国）は，耐空証明（A/W）を発行する。また，その機体が飛行を続けている間は，運航者が時間経過に伴う劣化を適切に整備することで，継続的に耐空性が維持されていることを確認する責任を登録国は有している（更新耐空証明）。一方で，すでに他国で認証を受けた機体を輸入する際に，重複して検査を行うことを避けるために，他国がすでに行った検査や認証を相互に受け入れる航空安全協定（**BASA**，Bilateral Aviation Safety Agreement）の締結が，現在各国間で積極的に進められている[2)]。

このように，新たに機体が設計開発される場合は，航空当局は設計図や各種書類の審査を行うとともに，構造試験や飛行試験のような各種の試験に立ち会う。これらの過程を経て，上述した設計に関するすべての基準を満たしていることを航空当局が確認して初めて型式証明（T/C）が発行される。

2

主要諸元の決定（第 1 次）

本章では，*4* 章に従って，今後の設計を進めるに当たって必要となる最大離陸重量，主翼面積，エンジン推力などの第 1 次近似的な値を求めるサイジング作業を行う。

2.1　最大離陸重量の見積り（*4.2* 節）

表 1.1 に示した設計要求に従って**最大離陸重量**や**燃料重量**の見積りを行う。なお飛行フェーズは，この表 1.1 内の説明図のとおりとする。

まず，乗客は単一クラスで 120 名，パイロット 2 名，キャビンアテンダント 3 名であるので，乗客の体重と荷物の重量を考慮して

ペイロード　$W_{PL}=175\times120+44\times120=26\,280\ \mathrm{lb}$

乗務員重量　$W_{crew}=(175+30)\times(2+3)=1\,025\ \mathrm{lb}$

となる。**表 2.1** に示す類似機体の諸元[1]より，仮置きの最大離陸重量を $W_{TOguess}=125\,000\ \mathrm{lb}$ とする。

各飛行フェーズの機体重量比は，*4.2.3* 項より

表 2.1　類似機体の諸元

機体名称	W_{PL}〔lb〕	W_{TO}〔lb〕	巡航マッハ数 M_{cr}	航続距離〔nm〕
Bombardier CS100ER	32 150	129 000	0.78	2 950
Embraer ERJ190-100IGW	29 828	114 195	0.78	2 300

フェーズ1（エンジン始動）　$W_1/W_{TO}=0.990$

フェーズ2（タキシー）　$W_2/W_1=0.990$

フェーズ3（離陸）　$W_3/W_2=0.995$

フェーズ4（上昇）　$W_4/W_3=0.980$

であり，フェーズ5（巡航）は式 (*4.11*) (2.1) を用いる。

$$\text{式}\,(4.11):\ \frac{W_5}{W_4}=\exp\left(-\frac{R}{\dfrac{V}{c_j}\dfrac{L}{D}}\right) \tag{2.1}$$

ここで，航続距離は $R=2\,500$ nm，高度 35 000 ft において巡航マッハ数 $M_{cr}=0.78$ であり，標準大気表よりこの高度における音速は $a=296.6$ m/s である。よって，飛行速度は $V=231.3$ m/s $=449.7$ knot となる。さらに，*4.2.3* 項中のデータを基にして燃料消費率は $c_j=0.5$ (lb/hr)/lb，巡航時の揚抗比 $L/D=16$ とすると（エンジンは高バイパス比で燃費性能の良いエンジンを想定する），その結果 $W_5/W_4=0.840$ となる。

フェーズ6（降下）は *4.2.3* 項より $W_6/W_5=0.990$ とする。つぎのフェーズ7（代替空港への飛行）では，この飛行フェーズの上昇と下降を無視すれば，フェーズ5の巡航と同様にして $R=200$ nm，また代替空港への飛行高度を 10 000 ft，速度を $V=300$ knot と設定する（この高度での音速は 328 m/s なので，飛行マッハ数は 0.47 となる）。さらに，$c_j=0.5$ (lb/hr)/lb，$L/D=16$ とすると，式 (2.1) より $W_7/W_6=0.979$ となる。

フェーズ8（代替空港での空中待機 45 分間）として式 (*4.14*) (2.2) より

$$\text{式}\,(4.14):\ \frac{W_8}{W_7}=\exp\left(-\frac{E_{ltr}}{\dfrac{1}{c_{j\,ltr}}\left(\dfrac{L}{D}\right)_{ltr}}\right) \tag{2.2}$$

を用いて，かつ空中待機時の値として $c_j=0.4$ (lb/hr)/lb，$L/D=18$ とすると，$W_8/W_7=0.983$ となる。最終フェーズ9（着陸，シャットダウン）は *4.2.3* 項より $W_9/W_8=0.992$ である。

したがって，式 (*4.6*) より，フライト開始前と終了後の機体重量比 M_{ff}

(mission fuel fraction）は

$$M_{ff}=\frac{W_9}{W_8}\cdot\frac{W_8}{W_7}\cdot\frac{W_7}{W_6}\cdot\frac{W_6}{W_5}\cdot\frac{W_5}{W_4}\cdot\frac{W_4}{W_3}\cdot\frac{W_3}{W_2}\cdot\frac{W_2}{W_1}\cdot\frac{W_1}{W_{TO}}=0.760$$

となる。式 (*4.7*) より実際に使用する燃料は，$W_{Fused}=(1-0.760)W_{TO}=0.240\ W_{TO}$ となり，**予備燃料**は代替空港への飛行と空中待機で考慮済みなので，式 (*4.5*) より**燃料重量** W_F は

$$W_F=W_{Fused}=0.240\ W_{TO}$$

である。式 (*4.8*) より仮置きの**運用空虚重量**は

$$W_{OEtent}=W_{TO}-W_F-W_{PL}=125\,000-0.240\times125\,000-26\,280=68\,720\ \mathrm{lb}$$

となる。W_{OE} と W_{TO} について既存機のデータを整理して得られる統計的関係式 (*4.9b*) (2.3) を用いる。

$$式\ (4.9b):\log_{10}W_{TO}=A'+B'\log_{10}W_{OE} \tag{2.3}$$

ここに，$A'=-0.163$，$B'=1.084$ より $W_{OE}=71\,173$ lb となる。

W_{OEtent} と W_{OE} の差は約 2 500 lb であり，仮置きの最大離陸重量の値を変化させて繰り返し計算を行うと

$W_{TO}=134\,000$ lb のとき　　$W_{OEtent}=75\,542$ lb，$W_{OE}=75\,888$ lb

であり，両者の差は 0.5 %以内であるので，*4.2.4* 項の記述に従ってこれで収束したと判断する。したがって，最大離陸重量 $W_{TO}=134\,000$ lb（60 800 kg)，運用空虚重量 $W_{OE}=75\,900$ lb（34 400 kg）および燃料重量 $W_F=32\,200$ lb (14 600 kg）がここでの結論である。

2.2　主翼面積とエンジン推力の見積り（*4.3* 節）

続いて *4.3* 節に従って，揚抗比と抵抗係数の見積りを行う。そのあとで離陸性能，着陸性能，上昇性能，巡航性能の順番に**サイジング**を行い，主翼面積とエンジン推力の第一段階としての値を決定する。ジェット機の場合は，**翼面荷重** W/S を横軸に，**推力・機体重量比** T/W を縦軸にとった図を描き（サイジングプロット図，縦軸・横軸共に離陸時の値を使う)，そのうえに各設計要

求を満たすこれら二つのパラメータの範囲を定めていく。すべての設計要求に関してこの作業を続けることで，最終的に設計機体に関して設計要求を満たす W/S と T/W の組合せを求め，その結果から主翼面積とエンジン推力を決める作業を行う。

なお，前著でも強調したが，本章で決定される値はあくまでも設計要求を満たす一つの解にとどまっており，今後の概念設計を進めるために使うことができる第1次近似値程度の値と捉えてもらいたい。

2.2.1　揚抗比と抵抗の推算

まず，以降のサイジング作業に必要な機体の空力特性（揚抗比と抵抗）の推算を行う。

最初に巡航時の**揚抗比**を推算する。表 *4.5* のジェット機の項を参考にして，機体濡れ面積と主翼面積の比は $S_{wet}/S_{ref}=5.4$ とする。**主翼アスペクト比** AR は A320 などを参考にして 9.4 とする。式 (*4.15*) より**濡れアスペクト比**は

$$\text{wetted aspect ratio}=\frac{AR}{S_{wet}/S}=1.74$$

となり，濡れアスペクト比と最大揚抗比の関係を示した図 *4.3* より $(L/D)_{max}=18.7$ と読める。ジェット機の巡航時の揚抗比を表す式 (*4.16*) (2.4) より

$$\text{式 (4.16)}:\left(\frac{L}{D}\right)_{cruise}=0.866\left(\frac{L}{D}\right)_{max} \tag{2.4}$$

これより，$(L/D)_{cruise}$ は 16.2 となる（前節の重量推算時には $(L/D)_{cruise}$ を 16 としていた）。

つぎに，低速における抵抗の見積りを行う。**等価摩擦抵抗係数**を *4.3.1*〔*3*〕項より $C_{fe}=0.003$ と置く。このとき，有害抵抗係数 C_{D0} は

$$\text{式 (4.19)}:C_{D0}=C_{fe}\frac{S_{wet}}{S_{ref}}=0.016\,2 \tag{2.5}$$

となる。ここで，**オズワルドの航空機効率係数**を $e=0.80$ とする。よって，抵抗曲線は

式 (*4.18*)：$C_D = C_{D0} + C_L^2 / e\pi AR$ (2.6)

より求められる。まずフラップや脚を下ろしていない場合は

クリーン形態：$C_D = 0.016\,2 + 0.042\,3\,C_L^2$

と表される。離陸フラップによる抵抗増分を $\Delta C_{D0} = 0.015$，そのときのオズワルドの航空機効率係数を $e = 0.75$，また着陸フラップにより $\Delta C_{D0} = 0.065$，$e = 0.7$，さらには脚を下ろすことによる抵抗増分を $\Delta C_{D0} = 0.020$ とすると，離陸時と着陸時の脚上げ下げ状態での抵抗係数は

離陸時（脚上げ）：$C_D = 0.031\,2 + 0.045\,2\,C_L^2$

離陸時（脚下げ）：$C_D = 0.051\,2 + 0.045\,2\,C_L^2$

着陸時（脚上げ）：$C_D = 0.081\,2 + 0.048\,4\,C_L^2$

着陸時（脚下げ）：$C_D = 0.101\,2 + 0.048\,4\,C_L^2$

とまとめられる。

2.2.2　離陸性能のサイジング

設計要求では，海面上の**離陸距離**（FAR25 take-off field length）が $S_{TOFL} = 6\,000$ ft とされている。ジェット機の S_{TOFL} は統計データより

式 (*4.24*)：$S_{TOFL} = 40.3 \dfrac{1}{\sigma C_{Lmax\,TO}} \dfrac{(W/S)_{TO}}{(T/W)_{TO}}$ (2.7)

で表され，海面上の密度比は $\sigma = 1.0$ であるので

$$6\,000 = 40.3 \frac{1}{1.0 \cdot C_{Lmax\,TO}} \frac{(W/S)_{TO}}{(T/W)_{TO}}$$

が成り立つ。ジェット機の場合，離陸時の最大揚力係数の値は，*4.3.2* 項より $C_{Lmax\,TO} = 1.6 \sim 2.2$ の範囲で考えればよいので，ここでは 1.6，2.0，2.4 をサイジングプロット図を描く際のパラメータとして選ぶ。これより $C_{Lmax\,TO} = 1.6$，2.0，2.4 ごとに，離陸に関する設計要求を満たす $(W/S)_{TO}$ と $(T/W)_{TO}$ の関係をサイジングプロット図に描く（後に出てくる図 2.1 参照）。

2.2.3 着陸性能のサイジング

設計要求では，**着陸距離**（FAR25 landing field length）S_{FL} が海面上，標準大気状態において着陸時重量 $W_L = 0.85 W_{TO}$ の下で $S_{FL} = 5\,000$ ft とされている。

統計データに基づく式（*4.27*）より，着陸形態失速速度 V_{SL} と S_{FL} の間には

$$S_{FL}(=5\,000) = 0.29 \times (1.3 V_{SL})^2$$

が成り立ち，これより $V_{SL} = 101$ knot となる。式（*4.22*）と同様に着陸時の**最大揚力係数** $C_{L\max L}$ と翼面荷重を用いて V_{SL} を表すと ${V_{SL}}^2 = 2(W/S)/(\rho C_{L\max L})$ が成り立ち，海面上の空気密度 $\rho = 0.125$ kg·s^2/m^4 の値と 1 knot = 0.514 4 m/s, 1 lb = 0.454 kg，1 ft = 0.304 8 m の関係を用いると

$$(W/S)_L = \frac{(101 \times 0.514\,4)^2 \times 0.5 \times 0.125 \times C_{L\max L}}{0.454 \times 0.304\,8^2} = 34.5\, C_{L\max L}$$

となる。ただし，$W_L = 0.85\, W_{TO}$ であるので

$$(W/S)_{TO} = 40.6 C_{L\max L}$$

が得られる。ジェット機の場合，着陸時の最大揚力係数の値は，*4.3.3* 項より $C_{L\max L} = 1.8 \sim 3.0$ の範囲で考えればよいので，ここでは 1.8，2.2，2.6，3.0 をサイジングプロット図を描く際のパラメータとして選ぶ（図 2.1）。

2.2.4 上昇性能のサイジング

ジェット機の上昇性能に関しては，*4.3.4*〔*2*〕項の② FAR25.121（second segment climb requirement，**OEI**：エンジン一発停止状態）が一番厳しい条件である。なお，この **second segment climb** は，高度 35 ft 以上 400 ft 以下で離陸用フラップをいまだ下ろしている状態（脚は収納済み）での上昇要求である。具体的には，標準大気状態より気温が 27.8℃高い状態で，双発機（N=2）であると，上昇勾配が 0.024 以上であることが要求されている。そこで，$V_{S\,TO}$ を離陸形態失速速度とすると，式（*4.38*）より

$$(T/W)_{TO} = 2(1/(L/D) + 0.024) \qquad \text{速度 } 1.2 V_{S\,TO}$$

を満たさなければならない。*4.3.2* 項より $C_{LTO\max} = 2.0$ とする。このとき，揚力係数の定義より速度 $1.2 V_{S\,TO}$ では $C_L = 2.0/1.2^2 = 1.4$ となる。2.2.1 項で求

めた離陸時（脚上げ）状態の抵抗-揚力曲線

$$C_D = 0.031\,2 + 0.045\,2\,C_L^2$$

を用いると $C_D = 0.118$ となり，揚抗比は $L/D = 11.7$ となる。すなわち，$T/W = 0.218$ となる。ただし，これには標準大気状態より気温が 27.8℃だけ高い影響が入っていない。実機エンジンのデータによると，これだけの気温が高い状態では標準大気状態よりも推力は約 20 %低下するとあるので，よって標準大気状態では

$$\left(\frac{T}{W}\right)_{TO} = \frac{0.227}{0.8} = 0.273$$

となり，これを図 2.1 に記入する。

2.2.5　巡航性能のサイジング

巡航時の空力特性を整理する。2.2.1 項よりクリーン形態では $C_{D0} = 0.016\,2$, $e = 0.80$, $\mathit{AR} = 9.4$ であり，圧縮性の影響は *4.3.5*〔*2*〕項より $\varDelta C_{D0} = 0.003$ とする。35 000 ft において標準大気表より $\rho = 0.038\,8\ \mathrm{kg \cdot s^2/m^4}$, $a = 297\ \mathrm{m/s}$ であるので，動圧は $q = 1\,147\ \mathrm{kg/m^2} = 234\ \mathrm{lb/ft^2}$ となる。これらを用いて式 (*4.49*) は

$$\left(\frac{T}{W}\right)_{cr} = \frac{(C_{D0} + \varDelta C_{D0})_q}{(W/S)_{cr}} + \frac{(W/S)_{cr}}{qe\pi \mathit{AR}} = \frac{4.49}{(W/S)_{cr}} + \frac{(W/S)_{cr}}{5\,528}$$

となる。これは巡航時の状態であるので，式 (*4.51*) を用いて離陸時の状態に変換する。高度 35 000 ft, $M_{cr} = 0.78$ における**ラプスレート**（高度変化によるエンジン推力の変化）を $L_{p\,cr} = 0.25$ とし，巡航開始時の機体重量と最大離陸重量の比の値 $W_{cr}/W_{TO} = 0.956$（*4.3.5*〔*2*〕項）を用いると

$$\left(\frac{T}{W}\right)_{TO} = \left(\frac{T}{W}\right)_{cr}\left(\frac{W_{cr}}{W_{TO}}\right) \Big/ L_{p\,cr} = 3.82\left(\frac{T}{W}\right)_{cr}$$

となり，これら両式を整理して得られる

$$\left(\frac{T}{W}\right)_{TO} = \frac{17.94}{(W/S)_{TO}} + \frac{(W/S)_{TO}}{1\,383}$$

を用いて，W/S をパラメータにとって図 2.1 に整理する。

2.2.6 サイジングプロット図

以上行った作業を１枚の**サイジングプロット図**に描いた結果が**図 2.1** である。*4.3.6* 項で述べた判断基準より，推力・機体重量比 T/W ができるだけ小さくなり，着陸時の高揚力装置が許す範囲でなるべく高めの翼面荷重 W/S の値を図より選ぶこととする。その結果，点 D が設計要求ならびに上記の判断基準をすべて満たしているので，ここでの設計点（design point）とする。2.1 節より重量は推算されており，最大離陸重量 $W_{TO}=134\,000$ lb，運用空虚重量 $W_{OE}=75\,900$ lb および燃料重量 $W_F=32\,200$ lb であった。点 D の離陸性能のプロットより $C_{L\max TO}=2.4$，着陸性能のプロットより $C_{L\max L}=2.9$ であることが読み取れる。なお，主翼アスペクト比は $AR=9.4$ としていた。この点 D は

$$(W/S)_{TO}=118\ \mathrm{lb/ft^2}(580\ \mathrm{kg/m^2}),\qquad (T/W)_{TO}=0.33$$

であり，先に得られた W_{TO} の値より，**主翼面積** $S=1\,140\ \mathrm{ft^2}$（$106\ \mathrm{m^2}$），**最大離陸推力** $T_{TO}=44\,200$ lb（20 000 kg = 197 kN）が得られた。

以上より，本章のサイジング（第１次）の結果をまとめるとつぎのようになる。

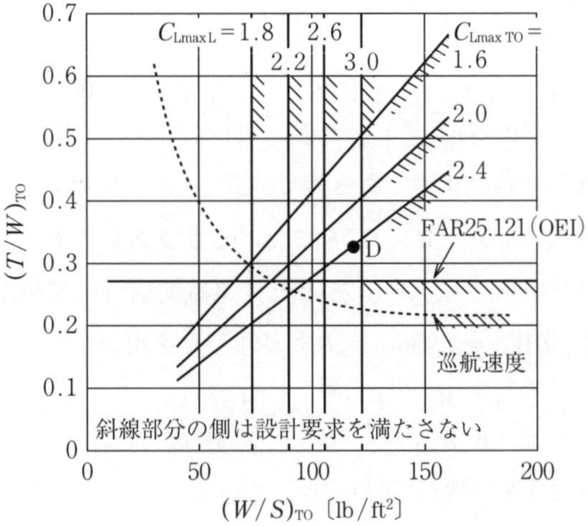

図 2.1　120 人乗り小型ジェット旅客機（表 1.1）のサイジング結果

最大離陸重量	$W_{\mathrm{TO}}=134\,000\ \mathrm{lb}$
運用空虚重量	$W_{\mathrm{OE}}=75\,900\ \mathrm{lb}$
燃料重量	$W_{\mathrm{F}}=32\,200\ \mathrm{lb}$
最大揚力係数	$C_{L\max\,\mathrm{TO}}=2.4$（離陸時）
	$C_{L\max\,\mathrm{L}}=2.9$（着陸時）
主翼アスペクト比	$A\!\!\!R=9.4$
翼面荷重	$(W/S)_{\mathrm{TO}}=118\ \mathrm{lb/ft^2}$（$580\ \mathrm{kg/m^2}$）
推力機体重量比	$(T/W)_{\mathrm{TO}}=0.33$
主翼面積	$S=1\,140\ \mathrm{ft^2}$（$106\ \mathrm{m^2}$）
最大離陸推力	$T_{\mathrm{TO}}=44\,200\ \mathrm{lb}$（$20\,000\ \mathrm{kg}=197\ \mathrm{kN}$）
エンジン	双発ターボファンエンジン

コーヒーブレイク

航空機開発で直面する「死の谷」

企業が製品を販売する際に，まず基礎研究を行うことになるが，研究成果を製品として世に出すためには基礎研究後の開発過程が必要となる。製品開発の間は収益を得ることができず，この期間のことは一般に「**死の谷**」と呼ばれている[1]。

航空機開発にも「死の谷」がある[2]。*1.1* 節や *14.5* 節で説明したとおり，航空機開発では，開発期間を経たのちに量産が開始される。それまでにかかった経費は機体開発会社が負担することになり，新しい機体が顧客に納入されるようになってはじめて収入を得ることができる（**図 1**，文献 2）に基づいて作成）。累積赤字が最大となる点（図 1 の点 A）を指して「死の谷」と呼ばれるが，量産によってそれまでの赤字を解消して黒字に転じる「**累積収支分岐点**」をいつ迎えられるかは，機体開発に要する期間と量産開始後に販売される機体数によって大きく変化する。図 1 の点 B のように，早期にこの分岐点を迎えられる場合は成功パターン（図 1 の線 ①）といえるが，点 C のように分岐点を迎えるまでに長期を要する場合（図 1 の線 ②）があり得る。最悪の場合には，図 1 の線 ③ のように一度も累積収支分岐点を迎えることのない不成功パターンに陥ることも考えられる。

このように，航空機を 1 機種のみ開発する場合には，一時的に利益をまったく上げられない時期を避けて通ることはできない。これを避けるためには，時期を

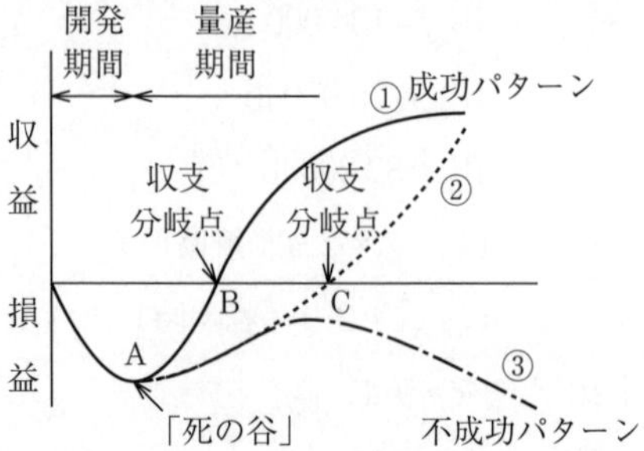

図1　航空機開発における「死の谷」

ずらして複数の機体開発を行うことになる（**図2**，文献2）に基づいて作成）。すなわち，過去の機体開発プログラムで得られた収益を使って，「死の谷」における一時的な経済的負荷を補う方法であり，これによって継続的に収益を上げられるようになる。これまで長く航空機開発を行ってきた機体メーカーは，この手法を活用してきている。このことは，新たに航空機開発を行うメーカーにとっては，図1で示した開発当初の「死の谷」を打ち破らない限り，図2のような安定した航空機開発を行えないことを意味している。

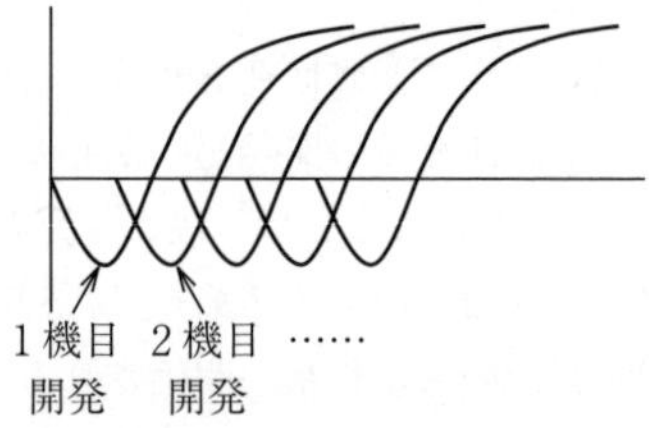

図2　継続した航空機開発

3

初期機体三面図の描画に向けた作業

前章で設計機体の一番重要な諸元（最大離陸重量，主翼面積，エンジン推力）の第1次近似値を決定できたので，つぎは機体三面図を描くための作業に移る。まず，胴体寸法を決定したのちに，主翼平面形，尾翼平面形とその取付け位置を検討し，最後に脚配置，重量推算ならびに重心位置の確認を行って，初期機体三面図を描いてみる。これまではスケッチ程度しか設計機体のイメージはなかったが，この初期機体三面図に基づいて今後のより詳しい概念設計作業を進めていくことができるようになる。

3.1 胴　体　設　計(*3* 章)

まず，客席から考える。胴体は与圧されるため，構造強度と疲労強度の面で有利な円形断面を採用する。

座席横配列は，乗客 120 名であるので，類似機体の C Series 100 を参考にして，通路を挟んで 2 列と 3 列の計 5 列配置とする。エコノミークラスであるので，座席幅は表 *3.1* より 20 in（0.508 m），通路幅は *3.3.2* 項より 20 in（0.508 m）とする。よって，客席幅は 120 in（3.05 m）となり，これに構造部材の厚みとして 10 in（0.254 m）を加えることで，130 in（3.30 m）が胴体外径となる。

つぎに，客室長さについて考える。表 *3.1* より**シートピッチ**を 32 in（0.81 m）とする。乗客 120 名では，座席を胴体長手方向に 24 席並べればよい。乗客 50 名につき**化粧室**と**ギャレー**をそれぞれ最低 1 か所設けることにすると（*3.3.3*

項)，客席最前方には化粧室1か所とギャレーを，また最後方に化粧室2か所とギャレーを設けることになる(**図3.1**)。後方の化粧室の長さは40 in(1.02 m)とする。ところで，**非常口**の要件を満たすために（*3.3.4*項)，客席前方と後方にType A（幅42 in（1.07 m)）を片側に2枚（計4枚)，さらに客席中央部にType III（幅20 in（0.51 m)）を片側に1枚（計2枚）設けることとする。非常口座席のシートピッチは非常脱出に備えて通常のシートピッチの値よりも10 in（0.254 m）さらに広げるとする。なお，最前方の化粧室1か所とギャレー1か所は前方扉の前方に，最後方のギャレー2か所は後方扉の後方にあるとする。これらの長さはつぎで述べるノーズ部分と胴体尾部部分に含まれるとして，客席長さに含めない。

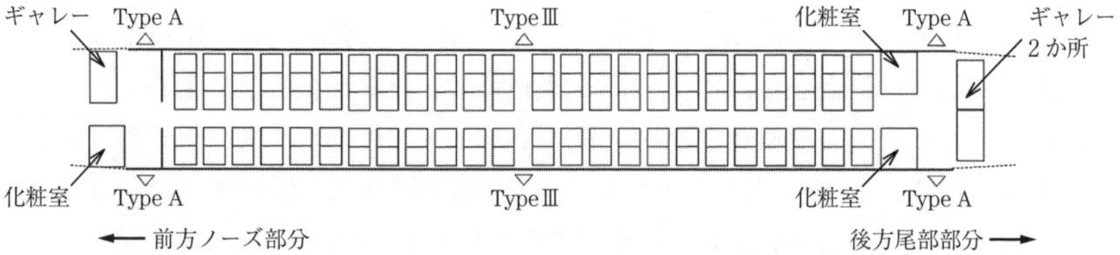

図3.1　胴体内客席等配置図

以上より，客席長さは

$$32 \times 24 + 42 \times 2 + 10 + 40 = 902\ \mathrm{in} = 22.9\ \mathrm{m}$$

と設定される。

胴体の外径長さを決めるために，コックピットと胴体尾部の長さについて*3.6*節を参考にして，ノーズ部分は胴体外径の1.5倍，胴体尾部は胴体外径の2.5倍とすると，それぞれ195 in（4.95 m)，325 in（8.26 m）となる。なお，貨物室は胴体下部（客席の下方）に設ける。

よって，胴体全長は

$$902 + 195 + 325 = 1\,422\ \mathrm{in} = 118\ \mathrm{ft}\ 6\ \mathrm{in} = 36.1\ \mathrm{m}$$

となる。

まとめると，現段階での胴体寸法としてはつぎのようになる。

胴体外径　3.30 m（円形断面，客室最大幅3.05 m)

胴体全長　36.1 m（客室長さ 22.9 m，ノーズ長さ 4.95 m，尾部長さ 8.26 m）

3.2　主　　　翼

3.2.1　主翼断面形状(*5* 章)

まず，主翼に用いられる翼型であるが，本機体は遷音速ジェット旅客機であるので，**スーパークリティカル翼型**を使用する（*5.5* 節）。厚み比としては，翼根部で 15 %，翼端部で 12 %と想定しておく（*6.2.5* 項，$(t/c)_r=0.15$，$(t/c)_t=0.12$）。初期機体三面図の描画では，この程度の値に設定しておけばよい。

3.2.2　主翼平面形状(*6* 章)

つぎに，主翼平面形などの設定に移る。第 1 次サイジングの結果（2 章）は，主翼アスペクト比は $AR=9.4$，主翼面積は $S=1\,140\ \mathrm{ft}^2$（$106\ \mathrm{m}^2$）であった。これより**主翼スパン長** b は

$$b=\sqrt{AR\cdot S}=31.6\ \mathrm{m}$$

となる（*6.2.1* 項）。**主翼後退角**（25 %翼弦長位置）$\Lambda_{c/4}$，**テーパー比** λ，**上反角** Γ については，類似機体を参考にして

$$\Lambda_{c/4}=25\ \mathrm{deg}$$

$$\lambda=0.33$$

$$\Gamma=4\ \mathrm{deg}$$

とする。なお，主翼後退角については *6.2.2* 項で述べたように，後退角がない場合に比べて，おおよそ $1/\cos\Lambda$ 倍だけ抵抗発散マッハ数を増大させる効果があるので，この観点から主翼後退角の大小について第 1 次近似的に後退角の値の見通しを付けることもできる。

主翼取付け角は翼型空力特性と巡航時揚力係数の値を基に，巡航中の客室床面ができるだけ水平になるように設定するが（*6.2.8* 項），これは 4.3.3 項で検討することとし，現時点では設定せず，数度程度と想定しておく。

以上より，翼根部と翼端部の翼弦長 C_r，C_t は，それぞれ

$$C_r = \frac{2S}{(1+\lambda)b} = 5.05\ \mathrm{m}$$

$$C_t = \lambda C_r = 1.67\ \mathrm{m}$$

となる。**平均空力翼弦長** $\bar{c}$ は，*6.2.3* 項より

$$式\ (6.2)：\bar{c} = \frac{1}{S}\int_{-b/2}^{b/2} c^2 dy \tag{3.1}$$

と表されるが，主翼平面形を台形とみなせば

$$\bar{c} = \frac{2}{3}\frac{1+\lambda+\lambda^2}{1+\lambda} C_r \tag{3.2}$$

が成り立ち（文献 1)，p.45)，よって $\bar{c} = 3.64\ \mathrm{m}$ となる。機体軸から平均空力翼弦長位置までの距離 $\bar{y}$ は

$$\bar{y} = \frac{b}{2}\frac{1+2\lambda}{3(1+\lambda)} \tag{3.3}$$

で表され（文献 1)，p.45)，$\bar{y} = 6.56\ \mathrm{m}$ となる。

つぎに，飛行に必要な燃料が主翼に設けられた燃料タンクに収まるかの確認を行う。主翼内**燃料タンク容積**は

$$式\ (6.4)：V_t = 0.54\frac{S^2}{b}(t/c)_r \frac{1+\lambda\sqrt{\tau}+\lambda^2\tau}{(1+\lambda)^2}, \quad \tau = \frac{(t/c)_t}{(t/c)_r} \tag{3.4}$$

であり，ここに，$\tau = 0.12/0.15 = 0.8$ などの値を代入すると $V_t = 21.1\ \mathrm{m^3}$ となる。ところで，2 章で推算した燃料重量は $W_F = 32\,200\ \mathrm{lb}$ であり，ジェット燃料の比重を 0.8 kg/litter とすると，燃料体積は 18 250 litter = $18.3\ \mathrm{m^3}$ となる。これより主翼内に設けられた燃料タンクは，飛行に必要な燃料を収納できると判断する。

以上の検討結果を基にして，主翼平面形を描く（実際の図は，初期機体三面図を描く 3.5 節を参照）。翼根部には，**キンク**（*6.6.3* 項）を設ける。

ここで，主翼に用いられる各種舵面と高揚力装置について，既存機のデータも参考にして検討する。舵面については，**エルロン**（インボードエルロンは設置しない），**スポイラー**（内舷スポイラーと外舷スポイラー）を設置する（*6.4*

節)。エルロンについては，*7.3* 節を参照して，翼弦長はローカルのスパン位置における主翼翼弦長の 20 ～ 25 %程度，スパン長は主翼セミスパン長の 25 %程度とする（スポイラーエルロンの採用も考えて，エルロンのスパン長は短めにとっている)。高揚力装置については，後縁側には**ダブルスロッテッドフラップ**を内舷スポイラーと外舷スポイラーと同じスパン位置に設置し，前縁側にはほぼスパン全体にわたって前縁スラットを設置する（*6.3* 節)。以上の舵面と高揚力装置についても，3.5 節の初期機体三面図を参照されたい。

3.3　尾　　　　　翼(*7* 章)

3.3.1　水　平　尾　翼(*7.1* 節)

まず，水平尾翼について検討する。**水平尾翼容積**は，式 (*7.4*)，(*7.5*) より

$$V_{\mathrm{H}}=\frac{l_{\mathrm{H}}S_{\mathrm{H}}}{\bar{c}S_{\mathrm{W}}}=k_{\mathrm{H}}\sqrt{\frac{W}{S}}$$

であり，比例係数 k_{H} はジェット機の場合 $k_{\mathrm{H}}=0.044$ ～ 0.088 の値をとる（ただし，W/S の単位は〔lb/ft^2〕)。いま離陸時の翼面荷重の値は $W/S=118$ lb/ft^2 であるので，$V_{\mathrm{H}}=0.48$ ～ 0.96 となる。フラップによるトリム変化を考慮に入れる場合は，フラップ下げ時の揚力係数の増大を 1.1 とすると（文献 2）に記載のとおり)，式 (*7.7*) より

$$V_{\mathrm{H}}=k\cdot\Delta C_{\mathrm{L}}$$

である。ただし，比例定数 k について，ジェット機の場合は $k=0.6$ ～ 0.9 である。ここで，$k=0.9$ とすると $V_{\mathrm{H}}=0.99$ となる。以上の二つの値より $V_{\mathrm{H}}=1.0$ 程度とすることが妥当と判断され，これは表 *7.1* の値と矛盾しない。しかしながら，文献 3)，p.402 によると，主翼面積の増大につれて V_{H} は徐々に減少する統計的傾向があると述べられている。そこで，この傾向を確認するために，近年のジェット旅客機に関する各種諸元を整理したデータベース[4)] に示されている水平尾翼容積の値を主翼面積に対してプロットした図を**図 3.2** に示す。文献 3）の指摘どおりの傾向が読み取れる。ここでは，これらの近年の機

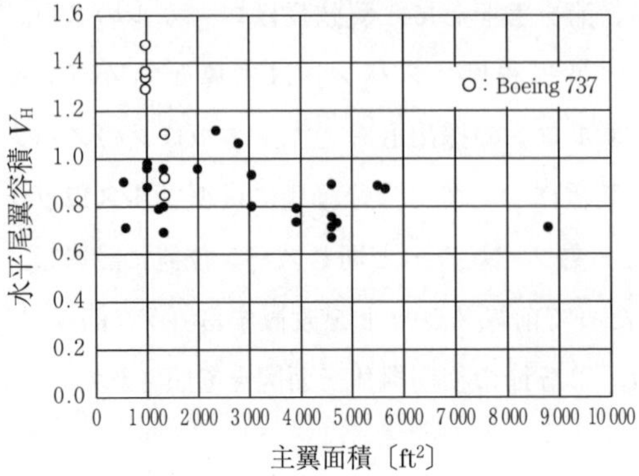

図 3.2　水平尾翼容積と主翼面積の統計的関係（ジェット旅客機）

体に関する統計データを参考にすることとして，主翼面積が約 1 140 ft^2 (105 m^2) の本設計機体では，$V_H = 1.2$ の値を採用する。ところで，図中で Boeing 737-200 から Boeing 737-800 までのファミリー機 7 機種（第一世代 1 機種，classic と呼ばれる 3 機種，NG と呼ばれる 3 機種）を白抜きで示した。ファミリー機は，乗客数を増やすために水平尾翼形状を同一のまま，胴体長を伸ばすことが多い。このため，図 3.2 の Boeing 737 の場合でも，主翼面積が同一のまま V_H の値が増大している。

つぎに，**アームレングス** l_H について検討する。*7.1.3*〔*2*〕項で述べたとおり，主翼にエンジンを配置した機体では，$l_H = 0.5 \sim 0.55 \times$ 胴体長とされた。これについても，文献 4）のデータを基にして，アームレングス／胴体長を主翼面積に対してプロットした図を**図 3.3** に示す。次項で検討する垂直尾翼のデータも重ねてある。機数は少ないが，エンジン胴体後方取付けの機体についても示してある。水平尾翼容積と同じく，統計データに基づく図 3.3 を参考にして，本設計機体では，$l_H = 0.44 \times$ 胴体長を選定する。すなわち，$l_H = 15.9$ m となる。

よって，**水平尾翼面積** S_H は

$$S_H = \frac{V_H \bar{c} S_W}{l_H} = 29.1\ \mathrm{m}^2$$

となる。

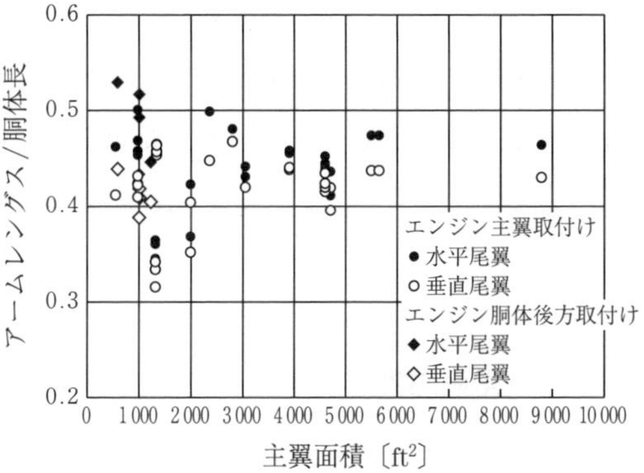

図 3.3　アームレングス／胴体長と主翼面積の統計的関係（ジェット旅客機）

続いて，*7.1.4* 項の記述に従って，水平尾翼の平面形などに関するパラメータを決定する。まず後退角であるが，高速飛行時の失速を避けるために，主翼よりも 5 deg 程度大きい $\Lambda_{\mathrm{H}}=30$ deg とする（25 %翼弦長における値）。アスペクト比については，同様な理由で主翼よりも小さくする。ここでは，既存機のデータを参考にして，$\mathit{AR}_{\mathrm{H}}=4$ とする。テーパー比についても同じくデータを参照して，$\lambda_{\mathrm{H}}=0.4$ とする。翼厚比は主翼よりも 10 %は少なくとも薄くするとして，例えば翼端部では主翼の翼厚比を 12 %としていたので，12 %×(1－0.1)＝10.8 %より，水平尾翼の翼厚比は 10 %程度とする。尾翼に使われる翼型は対称翼を想定する。これらの値を用いて，以下のように水平尾翼平面形に関するその他のパラメータを決定する。

水平尾翼のスパン長 b_{H}：$b_{\mathrm{H}}=\sqrt{\mathit{AR}_{\mathrm{H}}\cdot S_{\mathrm{H}}}=10.8\ \mathrm{m}$

翼根部翼弦長 $C_{r\mathrm{H}}$：　$C_{r\mathrm{H}}=2\dfrac{S_{\mathrm{H}}}{b_{\mathrm{H}}(1+\lambda_{\mathrm{H}})}=3.85\ \mathrm{m}$

翼端の翼弦長 $C_{t\mathrm{H}}$：　$C_{t\mathrm{H}}=\lambda_{\mathrm{H}}C_{r\mathrm{H}}=1.55\ \mathrm{m}$

平均空力翼弦 $\bar{c}_{\mathrm{H}}$：　$\bar{c}_{\mathrm{H}}=\dfrac{2}{3}C_{r\mathrm{H}}\dfrac{1+\lambda_{\mathrm{H}}+\lambda_{\mathrm{H}}{}^{2}}{1+\lambda_{\mathrm{H}}}=2.82\ \mathrm{m}$

機体軸から平均空力翼弦までの距離 $\bar{y}_{\mathrm{H}}$：$\bar{y}_{\mathrm{H}}=\dfrac{b_{\mathrm{H}}}{2}\dfrac{1+2\lambda_{\mathrm{H}}}{3(1+\lambda_{\mathrm{H}})}=2.31\ \mathrm{m}$

以上の数値を用いて水平尾翼の平面形を描く（実際の図は初期機体三面図を描いた 3.5 節を参照）。なお，主翼と水平尾翼の相対位置や，水平尾翼の上反角（必要ならば）に関しては，機体三面図を描くときに考慮する。また，昇降舵に関しては，昇降舵と水平尾翼の面積比を $S_e/S_H \approx 0.3$ とする（*7.3* 節）。

ここまでに定めた水平尾翼の各諸元は，あくまでも初期機体三面図を描くために決めた値であり，今後の検討次第では大きく変更される可能性がある。

3.3.2 垂直尾翼（*7.2* 節）

つぎに，垂直尾翼について検討する。**垂直尾翼容積**は式（*7.14*），（*7.15*）より

$$V_V = \frac{l_V S_V}{\bar{c} S_W} = k_V \sqrt{\frac{W}{S}}$$

であり，比例係数 k_V はジェット機の場合 $k_V = 0.0066 \sim 0.013$ の値をとる（ただし，W/S の単位は〔lb/ft^2〕）。いま離陸時の翼面荷重の値は $W/S = 118\ \mathrm{lb/ft^2}$ であるので，$V_V = 0.072 \sim 0.14$ となり，表 *7.1* のジェット旅客機の値（0.09）と矛盾しない。水平尾翼と同様に，近年のジェット旅客機に関する各種諸元を整理したデータベース[4)] より垂直尾翼容積を主翼面積に対してプロットした図を**図 3.4** に示す。水平尾翼の場合とは異なり，図 3.4 は上述の値と大きな差異は見られない。主翼面積が約 1 140 ft^2（105 m^2）の本設計機体では，$V_V = 0.1$ の値を採用する。

つぎに，**アームレングス** l_V について検討する。文献 4）のデータから求めた

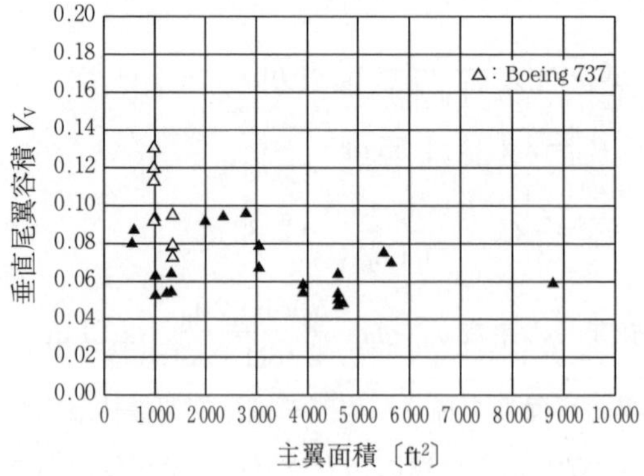

図 3.4　垂直尾翼容積と主翼面積の統計的関係（ジェット旅客機）

垂直尾翼アームレングス／胴体長の主翼面積に対する分布は，水平尾翼と同じ図 3.3 に示してある。図より垂直尾翼のアームレングス l_V は，水平尾翼のアームレングス l_H よりも短いことがわかる。これは，**図 3.5** に示すように，胴体取付け水平尾翼の場合は，機体組立ての関係で，垂直尾翼の後桁が取り付けられる胴体フレームのほぼ同じ位置に水平尾翼の前桁が位置すること（*12.3.3*〔*3*〕項）が多いこととも関連している。一方，T-tail の場合は，垂直尾翼前桁の上端の位置と水平尾翼前桁（翼根部）の位置はほぼ一致するように機体構造が設計されるのが通常の配置である。ただし，垂直尾翼は後退角を有するために，T-tail の場合でも結果として垂直尾翼のアームレングスは水平尾翼のそれよりも短くなる。

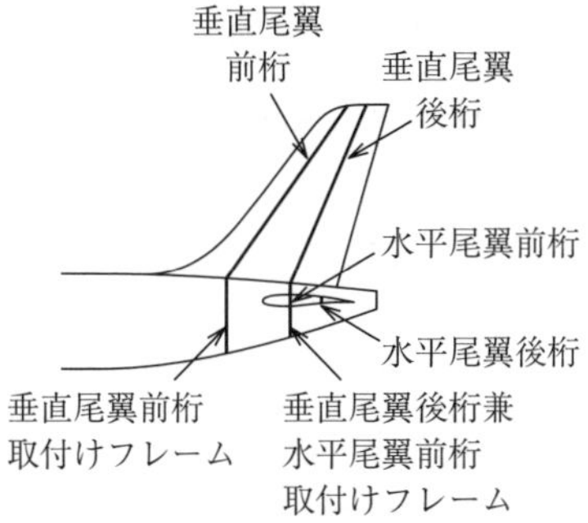

図 3.5　水平尾翼と垂直尾翼の取付け位置

以上のことより，図 3.3 を参考にして，本設計機体では，$l_V = 0.41 \times$ 胴体長を選定する。すなわち，$l_V = 14.8$ m となる。

よって，**垂直尾翼面積** S_V はつぎのようになる。

$$S_V = \frac{V_V b S_W}{l_V} = 22.6\ \mathrm{m}^2$$

続いて，*7.2.4* 項の記述に従って，垂直尾翼の平面形などに関するパラメータを決定する。まず後退角であるが，既存機の値も参考にして，$\Lambda_V = 35$ deg とする（25 %翼弦長における値）。アスペクト比についても，既存機のデータを参考にして，$\mathcal{A}R_V = 1.7$ とする。テーパー比についても同じくデータを参照して，$\lambda_V = 0.35$ とする。翼厚比は水平尾翼と同様に，例えば翼端部では 10 %程度の翼厚比とする。これらの値を用いて，垂直尾翼平面形に関するその他のパラメータを決定する。

垂直尾翼のスパン長 b_V：$b_V = \sqrt{\mathcal{A}R_V \cdot S_V} = 6.2$ m

翼根部翼弦長 C_{rV}：　$C_{rV} = 2\dfrac{S_V}{b_V(1+\lambda_V)} = 5.4$ m

翼端の翼弦長 C_{tV}：　$C_{tV} = \lambda_V C_{rV} = 1.89\ \mathrm{m}$

平均空力翼弦 $\bar{c}_V$：　$\bar{c}_V = \dfrac{2}{3} C_{rV} \dfrac{1+\lambda_V+\lambda_V^2}{1+\lambda_V} = 3.92\ \mathrm{m}$

機体軸から平均空力翼弦までの距離 $\bar{y}_V$：$\bar{y}_V = \dfrac{b_V}{2} \dfrac{1+2\lambda_V}{3(1+\lambda_V)} = 1.3\ \mathrm{m}$

以上の数値を用いて垂直尾翼の平面形を描く（実際の図は初期機体三面図を描いた3.5節を参照）。また，方向舵に関しては垂直尾翼に対する面積比を $S_r/S_V \approx 0.35$ とする（*7.3*節）。

さらに，機軸位置からエンジンに至るまでの機軸に垂直な方向の距離（l_y）について検討する。これは，エンジン一発停止時のヨーイングモーメント発生を緩和することから推算できる（*7.2.3*〔*2*〕項）。式（*7.16*）より

$$l_y = kV_V\sqrt{AR_{V_ef}\frac{S_r}{S_V}\cdot b\cdot\left(\frac{W}{T}\right)_{TO}}$$

である。ここで，AR_{V_ef} は水平尾翼が翼端板の効果を発揮して垂直尾翼の効果が高まることを考慮に入れた垂直尾翼の有効アスペクト比のことであり，通常のアスペクト比の1.55倍の値をとる[5)]。また，エンジン推力 T は，一発停止時の値である。比例定数 k は $k=0.4$ 以下の値をとるとされているが，Boeing 737の値[5)] を参考にして $k=0.28$ とする。これより，$l_y=4.7\ \mathrm{m}$ となり，機体三面図にエンジンとナセルを配置するときに用いる。

3.4 重量推算（*9*章）

胴体に対する主翼位置や脚配置を決定するためには，機体の重量を推算したうえで，重心位置の観点から考えなければならないことは*9*章で述べたとおりである。そこでここでは，*9.1.1*項の近似的に重量を算出する方法に従って，簡易的に機体重量推算を行い，そのうえで次節において初期機体三面図を描くときに，全機の重心位置を検討することとする。なお，脚配置については，初期機体三面図を描くときに同時に検討する。

表 *9.2* を用いて推算した主翼や胴体などの各コンポーネント重量と重心位置を**表 3.1** に示す†。ここで，主翼の**露出部分面積**（*9.3.1*〔*1*〕項）は，設計主翼面積 S_w から胴体に埋没した部分の主翼面積を差し引き，キンク面積を概算して足し合わせることで求めてある。*7.5* 節より水平尾翼の露出部分面積は同じく胴体内面積を差し引いて求め，垂直尾翼の露出面積は設計垂直尾翼面積 S_v に等しいとした。**胴体の濡れ面積** S_{fus} は

$$\text{式}\ (9.17)：S_{fus} \fallingdotseq 3.4\left(\frac{A_{top}+A_{side}}{2}\right) \tag{3.5}$$

を用いて求めた。そのために，つぎに描く初期機体三面図を参照して，胴体の側面への投影面積 A_{side}（尾翼を含まない）と下方への投影面積 A_{top}（主翼，尾翼を含まない）を算出してある。

表 3.1 近似的な機体重量算出方法を用いた各コンポーネントの重量推算

		比例係数	左記係数に掛け合わせる値	各コンポーネントの重量〔lb〕	各コンポーネントの重心位置
主　翼	W_w	12	露出部分面積 970 ft^2	11 600	$\bar{c}$ の 40 %
水平尾翼	W_h	5	露出部分面積 242 ft^2	1 210	$\bar{c}$ の 40 %
垂直尾翼	W_v	5	露出部分面積 243 ft^2	1 220	$\bar{c}$ の 40 %
胴　体	W_{fus}	5	濡れ面積 3 860 ft^2	19 300	全長の 50 %
主　脚	W_{mg}	0.043×0.85	最大離陸重量 134 000 lb	4 900	-
前　脚	W_{ng}	0.043×0.15	最大離陸重量 134 000 lb	864	-
推進系統	W_p	1.3×2	エンジン重量 4 800 lb	12 500	-
その他すべて（ナセル，装備品類）	W_{else}	0.17	最大離陸重量 134 000 lb	22 800	全長の 50 %

† データベースに基づく重量推算法（*9.1.2* 項）を行うことで，乗客 100 名程度の小型ジェット機クラスの主翼に関する重量を近似的に算出する方法（*9.1.1* 項）を再確認した。その結果，表 3.1 では主翼の比例係数を 12 とした。

本設計機体が使用するエンジンであるが，最大離陸推力 44 200 lb（双発）を実現する既存エンジン PW1525G（カタログ数値[6]では最大離陸推力は 23 300 lb）を用いることとし，そのエンジン単体乾燥重量は 4 800 lb である。前脚，主脚，そしてその他重量は最大離陸重量 W_{TO} に比例するとして算出してある。

表 3.1 の結果を用いて次式より**空虚重量** W_E が得られる（各記号は表 3.1 を参照，また全体の重量構成は表 *9.1* を参照）。

$$W_E = W_w + W_h + W_v + W_{fus} + W_{mg} + W_{ng} + W_p + W_{else} = 74\,400 \text{ lb}$$

つぎに，*4.2.4* 項と同様に，実際に使用できない燃料オイル重量 W_{tfo} や運航に必要な装備品類 W_{OP} を現段階では無視することにすれば，**運用空虚重量** W_{OE} は，W_E に 2 章で求めた乗員の重量 W_{crew} を足し合わせれば求めることができるので

$$W_{OE} = W_E + W_{crew} = 75\,400 \text{ lb}$$

が得られる。

最後に，**最大離陸重量** W_{TO} は，W_{OE} に 2 章で求めたペイロード重量 W_{PL} と燃料重量 W_F を足し合わせればよいので

$$W_{TO} = W_{OE} + W_{PL} + W_F = 134\,000 \text{ lb}$$

が得られる。この値と 2 章で推算した最大離陸重量の値を比較すると有効数字 3 桁では同じ値が得られた。今回の重量推算結果は，たまたまサイジング時の推算値に一致したが，本節で使用した重量推算法はあくまでも粗い推算に用いる手法であることをつねに念頭に置いておく必要がある。

3.5　初期機体三面図の描画，重心位置と脚配置の決定(*8* 章，*9* 章)

いよいよ初期機体三面図の描画作業に入る。この描画作業と同時に，機体の重心位置と脚配置を決定する作業も行う。

まず，前節で推算した機体重量を用いて，**重心位置**の推算を行う。機軸方向

の重心位置については，機首を原点にとった機軸方向座標（図 *9.2*）を使って求める。表 3.1 に示した各部位に加えて，W_{crew}，W_{PL}，W_F も考慮したうえで，式 (*9.15*) を使って全機の重心位置を求める。その際，各部位の重心位置が必要になるが，表 3.1 で位置が判明している部位以外は，初期機体三面図を描く作業と平行して位置決めしていく。そのために，全機の重心位置が主翼の平均空力翼弦長の 25 %前後付近に位置するように，胴体に対する主翼位置を変化させて調整するとともに，それに付随してエンジンと主脚位置も調整する。また，前脚位置については，つぎに述べる脚配置の検討に従い，静止時に前脚にできれば機体自重の 8 ～ 15 %（最小で 5 %以上）がかかるような位置に設定する（*8.1.3* 項）。なお，本設計例では，W_{crew}，W_{PL} の重心位置は胴体長の 25 %と 48 %位置にあるものとし，W_F は 22.5 %平均空力翼弦長位置にあるとした。

脚配置に関しては，*8* 章に従って検討する。まず，前脚と主脚に働く静的荷重（P_n と P_m）であるが，描画中の初期機体三面図から機体重心位置（最後方）から前脚と主脚までの距離（n と m）を知ることで式 (*8.2*)，(*8.4*) より

$$P_n = \frac{m}{m+n} W_{TO} = 9\,200\ \mathrm{lb}$$

$$P_m = \frac{n}{m+n} W_{TO} = 124\,800\ \mathrm{lb}$$

が得られ，この場合，前脚は約 7 %の自重を支えていることになる。さらに，転覆角（図 *8.2*（*a*））を初期機体三面図より読み取ると 43 deg であり，制限角度の 63 deg 以下であることが確認できる。また，機体の最後方重心位置と主脚の地面との接地点を結んだ線が鉛直線となす角度（図 *8.2*（*b*））は初期機体三面図より 15 deg であり，尻すり角の 12 deg より大きいことが確認できる。

以上の作業の結果から，機軸方向の重心位置が決定される。それを重量-重心位置関係図（*9.3.2* 項）として描いたものが**図 3.6** である。これは，主翼平均空力翼弦長の 25 %位置が胴体長さの 49 %位置にあるとしたときの結果であ

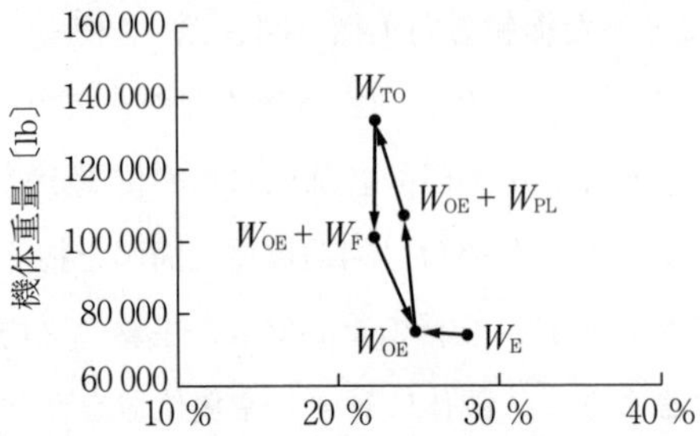

図 3.6　重量-重心位置関係図

る。これより，飛行中の重心位置の移動の程度（最前方重心位置と最後方重心位置）と，重心と平均空力翼弦長の位置関係が確認できる。ところで，ジェット旅客機の典型的な重心位置範囲は平均空力翼弦長のおおよそ 11 ～ 31 %の範囲内になるとされている（文献 7），p.151）。

つぎに，重心の鉛直方向位置については，初期機体三面図上の各部位の位置関係を用いて式 (*9.15*) より算出し，図面上に記載した。このとき前述した転覆角などの脚配置に注意した。

最後に，車輪寸法であるが，*8.2* 節に基づき，また類似機体データを参照して，車輪個数とタイヤ直径を前脚は 2 輪，直径約 0.6 m（24 in），主脚は 4 輪，直径約 1 m（38 in）とする。

以上の作業の結果，描かれた初期機体三面図を**図 3.7** に示す。ここで，機体三面図を描くに当たって，注意すべき点について以下にまとめておく。前著の「おわりに」で強調したように，この段階で描かれる機体三面図は，あくまでも今後の作業の出発点であり，完成されたものではない。前著では機体三面図描画時の注意点についてあえて述べていなかったが（その理由は前著「おわりに」を参照），本書「実践編」では，読者の便宜のために，描画時に注意すべき点の中で特に重要な点を述べる。

まず主翼関係では，翼胴結合部まわりにフェアリングを取り付け，翼胴部の段差に起因する空力特性の悪化を防ぐ。後縁フラップ取付けのためには，フラップごとにガイドレールを翼下面に少なくとも 2 本設置する。胴体に対する主翼取付け角やねじり下げ角に関しては，この段階では検討されていないので，側面図に主翼を描く場合は，類似機体を参考にして取付け角を考慮して描けばよい。正面図については，主脚の地面接地位置と翼端を結んだ線上にエン

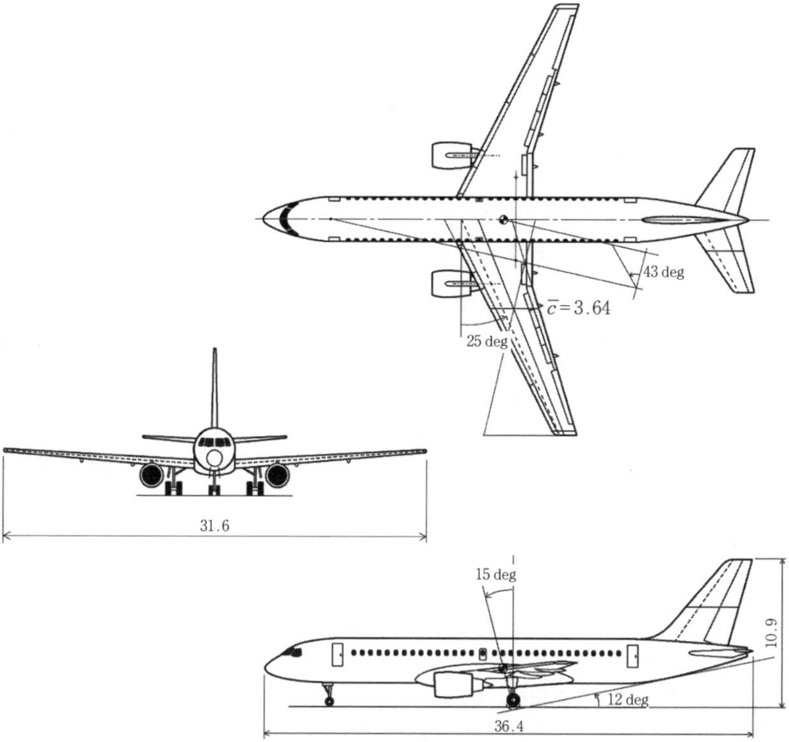

図 3.7　初期機体三面図（単位〔m〕）

ジンナセル下端が重ならないようにすること，かつ横風着陸時に機体がロールすることを考慮に入れて，この線と地面とのなす角度を十分に確保していることを確認する。さらには，前輪を下ろすことができない緊急着陸時においてエンジンが損傷することを避けるために，機首と主脚のそれぞれの接地位置を結んだ線の下方にエンジンナセルが位置しないようにすること，また濡れた滑走路への着陸時に前輪が巻き上げる雨水の飛沫をエンジンが吸い込まないようなナセル配置にする配慮が必要である[8)]。尻すり角については，離陸浮揚時に主脚に荷重が掛からなくなるとき（つまり，脚の緩衝装置が伸びたとき）を想定して角度を測る。

胴体に関しては，主翼の前桁（ローカルの翼弦長位置 12 ～ 15 %付近）と後桁（65 %付近）が結合する胴体側のメインフレーム（*12.3.3*〔*2*〕項）位置に窓を設置できないことに注意する。実際の設計作業では，主要な構造部材の配置によって，胴体に設けられる扉や窓の位置が影響を受けるわけであり，現段階で詳細を決定することはできないが，このメインフレーム位置については，可能ならば考慮に入れておく。

水平尾翼については，前述のとおり主翼からの後流を避けるために，水平尾翼と主翼の相対位置にも注意を払い，上反角を付けることも考慮する（*7.1.4*〔*2*〕項）。垂直尾翼については，横滑り時の垂直尾翼の失速を避けるために垂直尾翼の根元に**ドーサルフィン**を取り付ける（*7.2.4*〔*4*〕項）。

コーヒーブレイク

新しいパイロットライセンス MPL

ここでは，エアラインパイロットの新しい操縦士免許である **MPL** について述べる。従来，エアラインパイロットになるためには，つぎに述べる手順を踏む必要があった。まず，**自家用操縦士免許**（**PPL**，自動車の普通免許に相当）を取得し，続いて**事業用操縦士免許**（**CPL**，自動車の二種免許に相当）を取得することでプロのパイロットとなる。さらには，天候の悪いときに飛行するために必要な**計器飛行証明**（*10* 章のコーヒーブレイク）ならびに民間旅客機のような特定の航空機を操縦することが許される型式限定を取得する。その後，エアラインでの路線訓練を経て，晴れて副操縦士として操縦桿を握ることが許される[1]。免許取得のための座学開始から，副操縦士に任命されるまで最低でも約 35 か月という長期を要してきたという[1]。機長に任命されるためには，機長昇格訓練を経て，**定期運送用操縦士**（**ATPL**）の資格を取得して，ようやく機長認定を受けることができる（**図 1**，文献 1）を基に作成）。

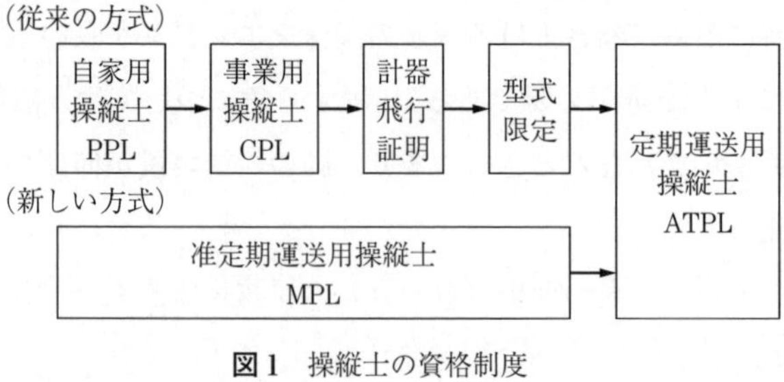

図 1　操縦士の資格制度

ところで，エアラインで使われるような大型機体の飛行では，2名の操縦士がつねに必要とされている。これには，多くの旅客を運ぶエアラインの機体では高度な飛行安全性が求められることや，先に挙げたような計器飛行方式による高い精度でかつ高い信頼性での操縦がパイロットに要求されることなどの背景がある[2)]。そのために機長と副操縦士が，操縦担当者（**PF**，pilot flying）と操縦以外の担当者（**PNF**，pilot not flying，通信や航法などを担当）という二つの役割を適宜交代しながら飛行することになっている。PF と PNF の間で的確な連携をつねに行う能力が要求されており，これは crew resource management skill または cockpit resource management skill（**CRM スキル**）と呼ばれている。

最初に述べた PPL, CPL を順次取得するキャリアパスでは，一人乗務機の機長として，比較的小型の機体を操縦できる能力を育成することがまず行われ，その後の型式限定訓練時に上述した二人乗務機に特化した操縦訓練が行われてきた。ただし，この方法では，エアラインの副操縦士を養成する目的としては，あまり効果的かつ効率的ではないと考えられるようになった。そこで，操縦未経験（これを **ab-initio** という）の状態から始めて副操縦士を育成する教育課程において，二人乗務機における効果的かつ効率的な養成を実現するために，国際民間航空機関（ICAO）において 2006 年 11 月に制定された免許制度が，MPL（**准定期運送用操縦士**，multi-crew pilot license）である。わが国においても MPL 制度導入の検討が行われ（例えば，文献 3)），2012 年 4 月に施行された航空法一部改正により，この新しい免許制度 MPL の下での操縦士訓練が可能となった（図 1)。現在では，日本の空でも MPL を有した多くの副操縦士が飛行し始めている。なお，効率的な養成の実現により，エアラインがパイロットを自社養成する場合，従来の制度では副操縦士養成までに約 36 か月を要していたのに対して，MPL 制度の導入によって 6 か月程度パイロットの養成期間を短縮できるようになるという[4)]。

複数の乗員で協力しながら，安全にエアライン機体を飛行できる能力を効果的・効率的に身に付けた MPL パイロットが，今後のエアラインにおける副操縦士の主流となると期待される。

4

全機空力特性の推算

前章で描かれた初期機体三面図を基にして，全機空力特性の推算を本章で行う。ここでの推算は *10* 章に基づくが，ページ数の関係で前著では詳細な推算方法を記述できなかったため，付録 A に全機空力特性のうち揚力推算方法と抵抗推算方法の詳細をまとめた。本章では，*10* 章と付録 A を用いて，巡航時揚力の推算，高揚力装置を用いたときの空力特性推算，そして抵抗推算の順で，全機空力特性の推算を行う。

ところで，本章で行う推算は，すべて手計算で行うことはできるが，次章で行う第 2 次サイジングでは，本章と同様な推算を機体形態を変化させながら複数回行う必要がある。そこで，今後の概念設計作業を円滑に行うことができるよう表計算ソフトを用いた空力特性推算支援ツールを作成してあり，その概要を付録 C で紹介する。本章では，この推算支援ツールを用いた結果を紹介する。なお，各項の推算に当たって，第 1 次サイジング結果，初期機体三面図から読み取った機体寸法ならびに付録 A 記載の各図から読み取った値などについては，付録 C 内に空力特性推算支援ツールへ入力した値の一覧を表にまとめてあるので，必要なときはそれを参照されたい（表 C.1，表 C.2）。

4.1　巡航時揚力の推算（*10.1* 節，付録 A.1 節）

付録 C で紹介する空力特性推算支援ツール内の巡航時揚力推算シートを活用して，付録 A.1 節に従って巡航時揚力の推算を行う。

4.1.1　揚力傾斜と零揚力角の見積り（*10.1.1* 項，付録 A.1.1 項）

揚力傾斜については，亜音速域から遷音速域の値を付録 A.1.1 項に基づいて推算し，揚力傾斜のマッハ数に対する分布を得る（**図 4.1**）。巡航時揚力推算シートに入力した各値は表 C.1 にまとめてある。マッハ数 $M=0.2$ と巡航マッハ数 $M_{cr}=0.78$ における揚力傾斜は，それぞれ $C_{L\alpha}=0.092/\mathrm{deg}$ と $C_{L\alpha}=0.12/\mathrm{deg}$ となる。

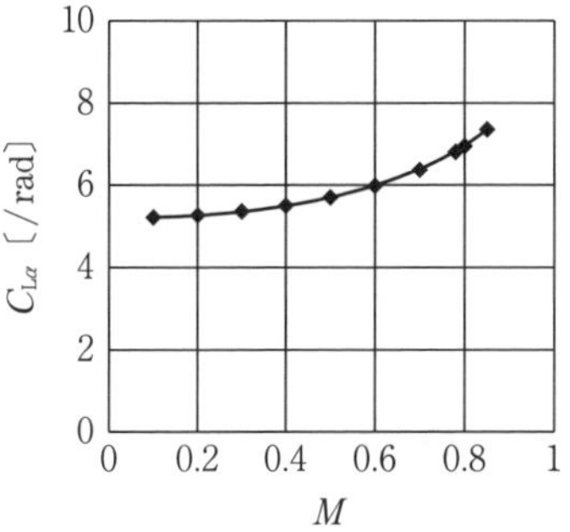

図 4.1　揚力傾斜-マッハ数曲線

スーパークリティカル翼を主翼翼型に用いているが，詳しいデータが得られないため，翼根部では NACA64$_2$-415 翼型を，翼端部では NACA64$_1$-412 翼型を代わりの翼型としてここでは推算に用いることとした。文献 1)，p.572，p.578 記載の 2 次元翼型実験データを参考にして，**零揚力角**を，$\alpha_{0L}=-2.8\,\mathrm{deg}$ とする。

4.1.2　最大揚力係数の見積りと揚力曲線の描画（*10.1.2*項，付録**A**.1.2項）

前項と同じく翼根部では NACA64$_2$-415 翼型を，翼端部では NACA64$_1$-412 翼型を用いているとして，上記 2 次元翼型実験データ[1] を参考にして 2 次元翼型の**最大揚力係数**は $C_{l\,\max}=1.68$ とする。付録 A.1.2 項の方法で推算した結果より，$M=0.2$ における最大揚力係数 $C_{L\max}=1.34$，最大揚力達成迎角を求めるための補正迎角 $\Delta\alpha_{C_{L\max}}=3.2\,\mathrm{deg}$，最大揚力を達成する迎角 $\alpha_{C_{L\max}}=15.0\,\mathrm{deg}$ が得られる。これらと前項で求めた $C_{L\alpha}$ と α_{0L} の値を用いて，$M=0.2$ における主翼に関する**揚力係数-迎角曲線**を描くと**図 4.2** のようになる。

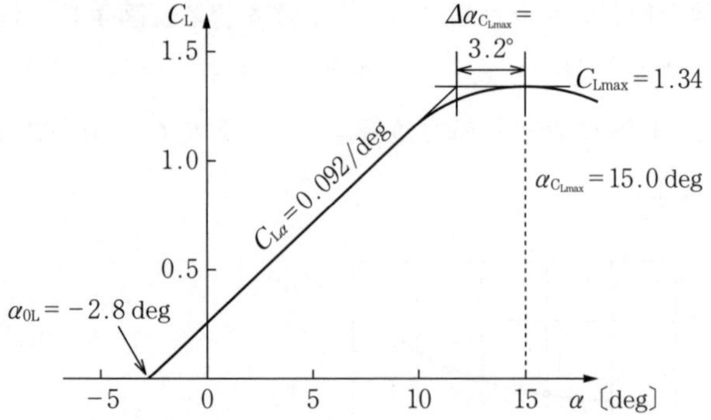

図 4.2　$M=0.2$ における揚力係数-迎角曲線

4.2　高揚力装置の特性推算（10.2 節，付録 A.2 節）

離陸時と着陸時に高揚力装置を用いた場合の揚力係数-迎角曲線を描く。後縁フラップに加えて前縁フラップ（スラット）を併用する。付録 A.2 節の方法を用いて推算する。

4.2.1　後縁フラップ（10.2.1 項，付録 A.2.1 項）

内翼側**後縁フラップ**と外翼側後縁フラップでは，フラップヒンジラインの角度が異なるため，別々に推算して，その和を求める。

〔1〕 内翼側後縁フラップ

内翼側後縁フラップでは，機体三面図よりフラップヒンジラインにおける後退角 $\Lambda_{\mathrm{HL\,in}}=0$ deg，フラップおよびその前方の主翼部分の面積の総和と設計基準主翼面積の比 $S_{\mathrm{flapped\,in}}/S_{\mathrm{ref}}=0.31$ を読み取る。フラップ付き 2 次元翼の最大揚力係数の増大量 $\Delta C_{\mathrm{l\,max}}$ は，**ダブルスロッテッドフラップ**の場合に付録 A.2.1 項より

$$\Delta C_{\mathrm{l\,max}}=1.6\,c'/c$$

と置ける。ここで，c'/c はフラップを下ろすことによる翼弦長の変化であり，文献 2)，pp.533 ～ 534 を参考にして，$c'/c=1.1$ と置く。よって，フラップ

付き主翼の着陸時最大揚力増大量 $\Delta C_{\mathrm{Lmax\ L\ in}}$ は式（A.5）より

$$\Delta C_{\mathrm{Lmax\ L\ in}} = \Delta C_{\mathrm{l\ max}} \left(\frac{S_{\mathrm{flapped}}}{S_{\mathrm{ref}}} \right) \cos \Lambda_{\mathrm{HL\ in}} = 0.55$$

となる。離陸時最大揚力増大量 $\Delta C_{\mathrm{Lmax\ TO\ in}}$ は，着陸時の 60 %の揚力増大量とすると

$$\Delta C_{\mathrm{Lmax\ TO\ in}} = 0.6 \times 0.55 = 0.33$$

となる。

つぎに，後縁フラップ付き 2 次元翼の零揚力角の変化を表 *10.2* より着陸時で $\Delta\alpha_{\mathrm{0Lairfoil\ L}} = -15\ \mathrm{deg}$，離陸時で $\Delta\alpha_{\mathrm{0Lairfoil\ TO}} = -10\ \mathrm{deg}$ とすると，着陸時と離陸時の零揚力角の変化量 $\Delta\alpha_{\mathrm{0L}}$ は式（A.6）より，それぞれ

$$\Delta\alpha_{\mathrm{0L\ L\ in}} = \Delta\alpha_{\mathrm{0Lairfoil\ L}} \left(\frac{S_{\mathrm{flapped}}}{S_{\mathrm{ref}}} \right) \cos \Lambda_{\mathrm{HL\ in}} = -4.7\ \mathrm{deg}$$

$$\Delta\alpha_{\mathrm{0L\ TO\ in}} = \Delta\alpha_{\mathrm{0Lairfoil\ TO}} \left(\frac{S_{\mathrm{flapped}}}{S_{\mathrm{ref}}} \right) \cos \Lambda_{\mathrm{HL\ in}} = -3.1\ \mathrm{deg}$$

となる。

〔2〕 外翼側後縁フラップ

同様にして，$\Lambda_{\mathrm{HL\ out}} = 18\ \mathrm{deg}$，$S_{\mathrm{flapped\ out}}/S_{\mathrm{ref}} = 0.40$ を用いて，外翼側後縁フラップについて求めると

$$\Delta C_{\mathrm{Lmax\ L\ out}} = 0.67$$

$$\Delta C_{\mathrm{Lmax\ TO\ out}} = 0.6 \times 0.67 = 0.40$$

$$\Delta\alpha_{\mathrm{0L\ out}} = -5.7\ \mathrm{deg}$$

$$\Delta\alpha_{\mathrm{0L\ TO\ out}} = -3.8\ \mathrm{deg}$$

となる。

〔3〕 全機後縁フラップの特性

内翼側と外翼側のフラップの両者の影響を加味するために，最大揚力増大量 ΔC_{Lmax} ならびに零揚力角の変化量 $\Delta\alpha_{\mathrm{0L}}$ について両者の和をとることにすると

$$\Delta C_{\mathrm{Lmax\ Landing}} = 1.22$$

$$\Delta C_{\mathrm{Lmax\ Take\text{-}off}} = 0.73$$

$$\Delta\alpha_{\mathrm{0L\ Landing}} = -10.4\ \mathrm{deg}$$

$$\Delta\alpha_{0L\ \mathrm{Take\text{-}off}} = -6.9\ \mathrm{deg}$$

となる。

また，フラップを下ろしたときに翼弦長が伸びるフラップ形式では，揚力傾斜は式 (A.7) に従って翼弦長の伸びに比例して増大する。ここでは，c'/c を 1.1 として，フラップを下ろしている場合は揚力傾斜を 10 %だけ増して $C_{L\alpha}=0.101/\mathrm{deg}$ となる。

4.2.2 前縁フラップと揚力曲線の描画 (*10.2.2* 項，付録 A.2.2 項)

前縁フラップとしては，**スラット**を用いることとする。最大揚力係数の増大量 $\Delta C_{L\max\ \mathrm{SLAT}}$ は，スラットの弦長 C_s を翼弦長 C の 12 %程度とすれば，式 (A.8) より

$$\Delta C_{L\max\ \mathrm{SLAT}} \approx 3.3C_s/C = 0.396$$

となる。

スラットによる揚力の増大を前項で求めた後縁フラップの特性に加算し，最大揚力達成迎角を求めるための補正迎角 $\Delta\alpha_{C_{L\max}}$ には 4.1.2 項で求めた値を用いて，高揚力装置を使用したときの離陸時および着陸時の揚力係数–迎角曲線を描くと**図 4.3** のようになる。すなわち

$$C_{L\max\ L} = 2.95$$

$$\alpha_{C_{L\max\ L}} = 22\ \mathrm{deg}$$

$$C_{L\max\ TO} = 2.47$$

$$\alpha_{C_{L\max\ TO}} = 20.8\ \mathrm{deg}$$

と結論付けられる。なお，2 章の第 1 次サイジングでは，最大揚力係数を $C_{L\max\ L}=2.9$（着陸時），$C_{L\max\ TO}=2.4$（離陸時）としていた。本節の推算結果と同等の値を使ってサイジングを行っていたことがわかる。もし本節の結果が，第 1 次サイジングで用いた値から極端に大きく異なったときは，本節あるいは第 1 次サイジングの推算結果を見直していただきたい。多少の差異については見直す必要はない。

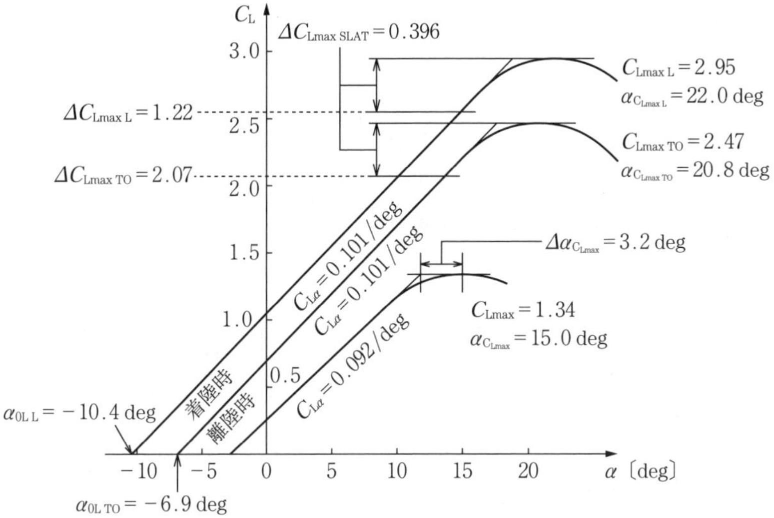

図 4.3　$M=0.2$ における離陸時，着陸時の揚力係数-迎角曲線

4.3　抵　抗　推　算 (*10.3* 節，付録 A.3 節)

初期機体三面図について，*10.3* 節と付録 A.3 節に基づいて，全機に働く抵抗を有害抵抗と誘導抵抗ごとに推算する。

4.3.1　有　害　抵　抗 (*10.3.1* 項，付録 A.3.1 項)

付録 C の空力特性推算支援ツールの抵抗推算シートを活用して，付録 A.3.1 項に従って**有害抵抗**の推算を行う。巡航高度と海面上飛行時の二つの飛行条件で飛行マッハ数が変化した場合について推算する。シートに入力した各値は付録 C に記載されているが，多くの値は初期機体三面図から長さや面積を読み取って入力することになる。抵抗推算シートに入力した各値は表 C.2 にまとめてある。

図 4.4 に遷音速時抵抗発散の見積り結果，**図 4.5** に巡航高度における有害抵抗-マッハ数分布，**図 4.6** に海面上における有害抵抗-マッハ数分布を示す。な

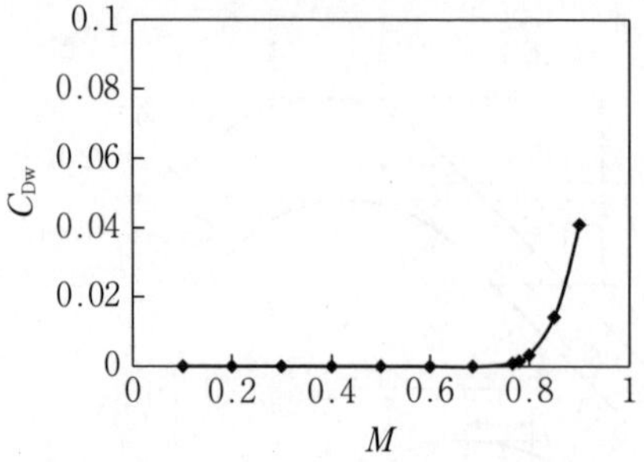

図4.4　遷音速における抵抗発散の状況

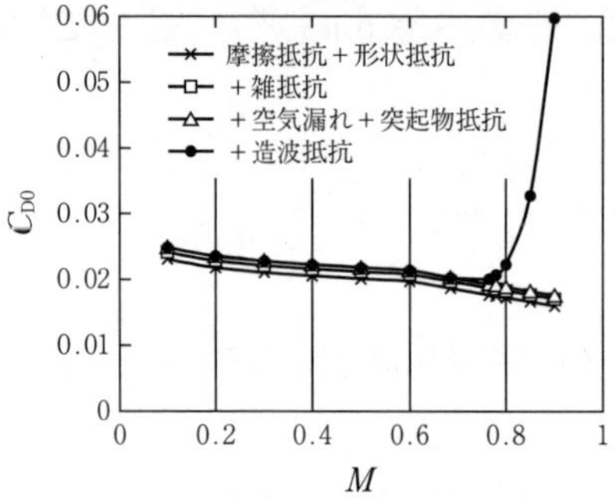

図4.5　巡航高度における有害抵抗-マッハ数分布

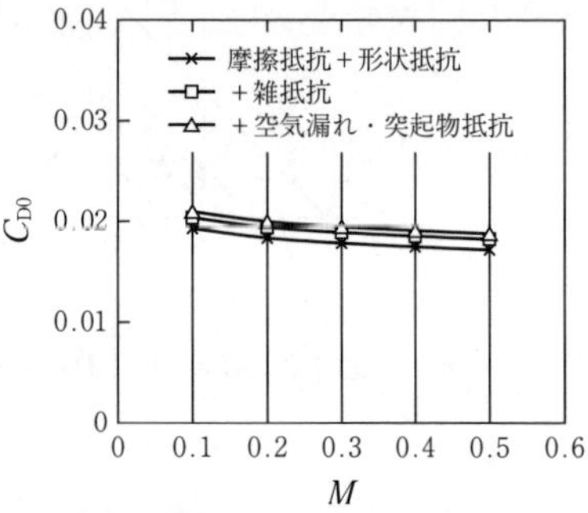

図4.6　海面上における有害抵抗-マッハ数分布

お，図4.4において巡航速度における**造波抵抗** C_{Dw} は0.0016である。

4.3.2　誘　導　抵　抗（*10.3.2*項，付録A.3.2項）

誘導抵抗の推算方法は付録A.3.2項で述べたとおりであり，付録Cの空力特性推算支援ツールの抵抗推算シートを活用して**誘導抵抗**の推算を行う。

その結果，さまざまな飛行形態における**誘導抵抗係数** K の値が求まる。なお，誘導抵抗係数は，*10.3.2*項で述べたとおり，e を**オズワルドの航空機効率係数**とすると，亜音速では

$$\text{式}\,(10.3)：K=\frac{1}{e\pi AR} \tag{4.1}$$

で定義されている（遷音速以上の速度域については，付録A.3.2項参照）。

得られた結果を以下にまとめておく。

クリーン形態（フラップ，脚なし）

離着陸相当速度 $M=0.2$ において $K=0.0427$

巡航速度において $K=0.0456$

フラップ使用時（離着陸相当速度 $M=0.2$）において $K=0.0474$

4.3.3 抵抗推算のまとめと抵抗-揚力曲線の描画 (*10.3.2* 項)

本節で得られた抵抗推算結果をさまざまな飛行形態で整理したものを**表 4.1**に示す。巡航状態，離陸時，second segment climb 時，着陸時のそれぞれに関して，巡航状態以外での速度は $M=0.2$ とし，脚やフラップあるいはエンジン(一発停止しているかどうか）の状態を考慮して整理した結果である。これらの値は，今後の第 2 次サイジングのときに用いられることになる。また，この表に基づいて各飛行状態での抵抗係数を以下にまとめておく。

巡航時（クリーン形態）：$C_D=0.0207+0.0456\,C_L^2$

低速時（クリーン形態）：$C_D=0.0200+0.0427\,C_L^2$

離陸時（脚上げ）： $C_D=0.0311+0.0474\,C_L^2$

離陸時（脚下げ）： $C_D=0.0408+0.0474\,C_L^2$

着陸時（脚上げ）： $C_D=0.0900+0.0474\,C_L^2$

着陸時（脚下げ）： $C_D=0.0997+0.0474\,C_L^2$

second segment climb： $C_D=0.0397+0.0474\,C_L^2$

図 4.7 は表 4.1 の結果を用いて描いた巡航状態における抵抗-揚力曲線(polar curve) である。ここでは，*10.3.2* 項で説明したように，最小抵抗を実現するときの揚力係数を零としている。本節で用いた巡航時揚力推算シート内では，巡航時の代表機体重量を積載燃料の 40 %を消費した時点での重量として（*6.6.3* 項)，巡航時揚力係数を求めている。これより求められた**巡航時揚力係数** $C_{Lcruise}=0.50$ における揚抗比は，図 4.7 より $L/D_{cruise}=15.6$ であることが読み取れ，0.866 で割れば（表 *4.6*)，最大揚抗比は $L/D_{max}=18.0$ となる。参考までに，2 章の第 1 次サイジングでは，$L/D_{cruise}=16.2$ であった。

図 4.8 は，$M=0.2$ において高揚力装置を用いた場合の抵抗-揚力曲線であ

表 4.1　さまざまな飛行形態における抵抗推算結果

		巡　航	離　陸	second segment climb（一発停止）	着　陸	クリーン形態（低速）
マッハ数	M	0.78	0.2	0.2	0.2	0.2
有害抵抗	C_{D0}	0.020 7	0.020 0	0.020 0	0.020 0	0.020 0
フラップによる抵抗増分	$\Delta C_{D0\ flap}$		0.011 1	0.011 1	0.070 0	
一発停止時のプロペラ，ジェットエンジンによる抵抗増分				0.008 6		
フラップ形態での C_{D0}	$C_{D0+flap}$		0.031 1	0.039 7	0.090 0	0.020 0
降着装置による抵抗増分	$(\Delta C_D)_{gear}$		0.009 70		0.009 70	
フラップ，降着装置利用時の C_{D0}	$C_{D0+flap+gear}$		0.040 8		0.099 7	
誘導抵抗係数	K	0.045 6	0.047 4	0.047 4	0.047 4	0.042 7

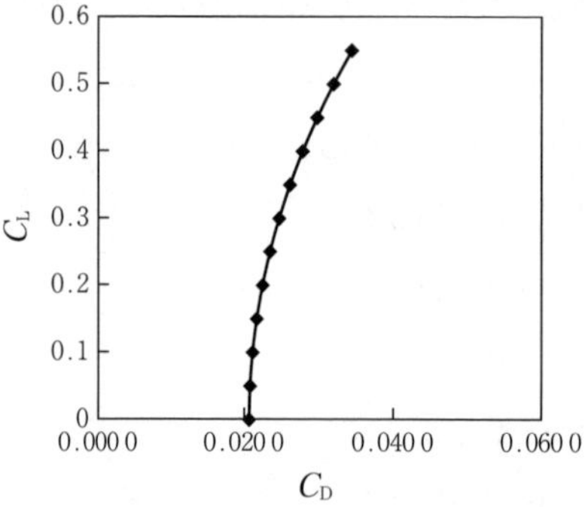

図 4.7　巡航状態における抵抗–揚力曲線（polar curve）

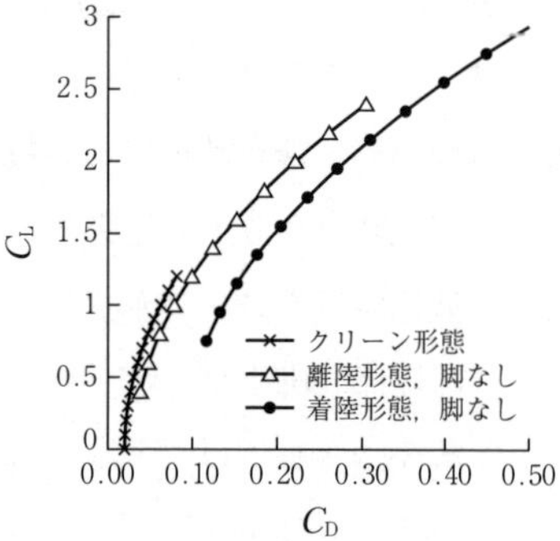

図 4.8　高揚力装置を用いた場合の抵抗–揚力曲線

る。揚抗比の最大値を比較すると，クリーン形態で 17.1，離陸形態で 13.0，着陸形態で 7.7 であり，図 A.11 に示した舵角変化に伴う揚抗比の変化の傾向におおよそ一致している。

ところで，前述したように，抵抗推算の過程で巡航時揚力係数の値を求めていた。この値（$C_{Lcruise}=0.50$）と 4.1.1 項で求めた巡航時の揚力傾斜（$C_{L\alpha}=0.12/\mathrm{deg}$）ならびに零揚力角（$\alpha_{0L}=-2.8\ \mathrm{deg}$，遷音速飛行時も亜音速飛行時と変わらないと仮定）を用いることで，巡航時の揚力係数を発生するための主翼迎角は $0.50/0.12-2.8=1.4\ \mathrm{deg}$ と概算される（*6.6.3* 項）。この値が，主翼取付け角に等しいとみなして機体三面図を描けばよい。

最後に，*12.1* 節において述べたように，縦の安定性の観点から機体がトリムを取るために尾翼が揚力を発生するが，そのときに尾翼が生む誘導抵抗の値も見積もって，全機の抵抗に付加する必要があることを追記しておく（6.3 節で改めて述べる）。

コーヒーブレイク

操縦に必要な計器の配置

航空機の操縦に必要なおもな計器には，**姿勢計**（attitude indicator），**速度計**（air speed indicator），**高度計**（altimeter），**方位計**（directional indicator），**旋回計**（turn indicator），**昇降計**（vertical speed indicator）がある。コックピットには，これらの操縦計器以外に航法計器，エンジン計器，通信機器などが備わっている。最初に挙げた操縦計器はパイロットの正面に設置されており，これらをパイロットはつねに注視しながら操縦する（**図 1** に古典的なアナログ式操縦計器の配置を模式的に示す）。有視界飛行（*10* 章のコーヒーブレイク）では，コックピットから見える外界の様子と操縦計器を見比べながらパイロットは操縦するが，計器飛行（同上のコーヒーブレイク）では，操縦計器のみを頼りにした飛行が行われる。機体の姿勢を安定させながら飛行するためには，一つの操縦計器を長時間注視してはならず，つねに複数の計器の状況を把握し続ける必要がある。特に，図 1 の点線枠で囲った「姿勢計」，「速度計」，「高度計」，「方位計」の四つは正確で安定した飛行を実現するために重要な計器であり，パイロットは，図 1 中の白抜き矢印のように，「姿勢計」を中心にして残りの三つの計器に向けてつねに交互に視線を動かすことで，機体の姿勢を把握しながら操縦を行っている（「旋回計」と「昇降計」も適宜確認する）。これら四つの重要な計器は T 字型に配置されているため，“basic-T” 配置と呼ばれる[1)]。

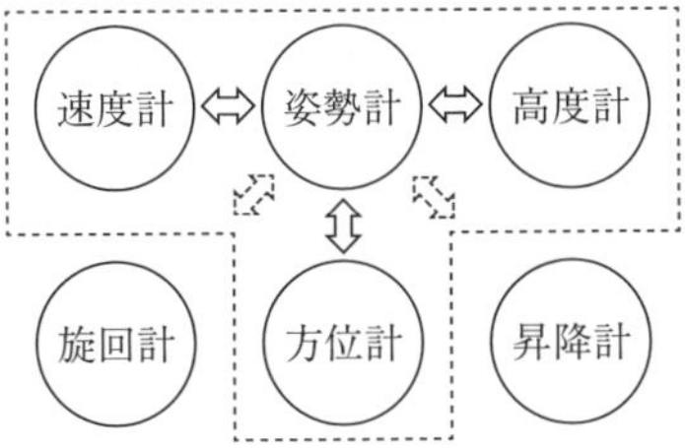

図 1　アナログ式操縦計器の配置図

計器飛行証明取得のための訓練では，外界の視界が悪い**計器飛行気象状態**（**IMC**，instrument meteorological condition）を模擬するために，訓練生は頭から専用のフードをかぶって，前方の計器類以外は見えないようにして操縦する。

教官同乗の下で，離陸と着陸時以外は，このフードを着用し外界がまったく見えない状態で，航法計器を用いたナビゲーションと管制との通信も同時に行いながら，ひたすら，これらの操縦計器を確認しながらの操縦を続けることになる。着陸直前にフードを外したのちに滑走路を視認して着陸操作に入ることになるが，それまで長時間にわたって計器のみを視認してきた状態から突然外界を確認しながら着陸することになり，経験の浅いパイロットの場合は，その視覚情報の大きな変化に困惑することもある。

ところで，最近の機体では，統合計器と呼ばれる一つのディスプレイ上に複数の計器を表示させるデジタル式が主流となり，単発の小型機でも使用されるようになっている。おもに操縦に関する計器を表示するディスプレイは，**プライマリ・フライト・ディスプレイ**（**PFD**）と呼ばれており，**図2**に概念図を示す。上述の操縦に関する重要な四つの計器はPFD上に表示されているが，図2に示すようにたがいの位置関係は図1のアナログ式操縦計器と同じであり，アナログ計器に慣れていたパイロットが計器配置で戸惑うことは少ない。

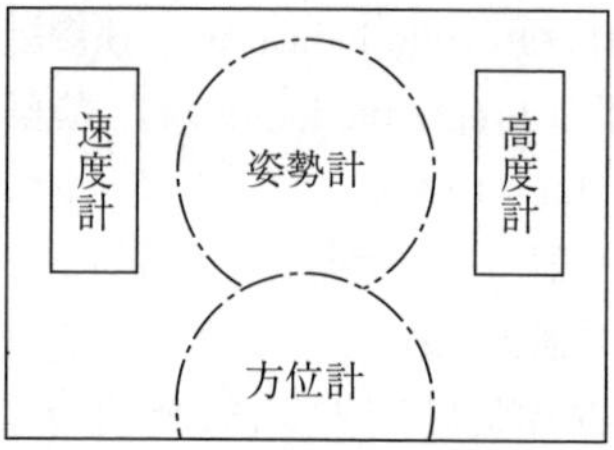

図2　プライマリ・フライト・ディスプレイ（PFD）の概念図

5

主要諸元の決定（第2次）

本章では，*13*章で述べた方法に従って第2次サイジングを行い，これまで考えてきた機体に関して最大離陸重量を最小化する機体形態を決める。そのための準備として，本章ではまず，エンジン性能曲線を見積もる。

5.1　エンジン性能曲線の見積り（*11.1*節，付録B）

付録Bの記述に従ってエンジン性能曲線を見積もる。この作業に付随して，エンジンの寸法と重量の推算を行っておく。これらのデータも，第2次サイジングにおいて活用する。

5.1.1　ターボファンエンジンの寸法と重量（*11.1.1*項）

3章では，既存エンジンとしてPW1525Gを参考にした。文献1）より，このエンジンの長さは$L_{\mathrm{actual}}=3.184$ m，直径は$D_{\mathrm{actual}}=2.006$ m，重量は$W_{\mathrm{actual}}=2\,177$ kg，最大離陸推力は23 300 lbである。また，文献2）よりファン直径は1.85 mである。2章の第1次サイジングで算出した設計機体のエンジン1基当りの最大離陸推力は22 100 lbであったので，サイジングで得られた必要推力と既存エンジンの推力の比で定義される**スケールファクタ** SFは

$$SF=\frac{22\,100}{23\,300}=0.948$$

となる。これらを式(*11.1*)～(*11.3*)に適用すると，設計機体に用いるエンジンの長さは$L=3.18$ m，直径は$D=2.00$ m，重量は$W=2\,054$ kgが得られる。ファン直径についても式(*11.2*)が適用できるとすると1.81 mとなる。

なお，このファン直径の数値は一発停止時にエンジンが発生する抵抗を算出するためのエンジン正面面積を求める際に用いる（付録A.3.1〔6〕項）。文献1)のエンジン長さと直径データの与え方に鑑みて，ナセル最大高さと長さが，ここで得られたエンジン直径と長さにほぼ等しくなると考えることとする。なお，バイパス比は参照エンジンと同じく$BPR = 12$とする。

5.1.2　エンジン性能曲線（*11.1.3*項，付録B）

付録Bの見積り方法に従って，離陸時および巡航時の**ラプスレート**L_pならびに**燃料消費率**c_j〔(lb/hr)/lb〕を求めた結果を**図5.1**，**図5.2**，**図5.3**に示す。ここで参考とするc'の値は0.7 (lb/hr)/lbを用いた。また，巡航時のラ

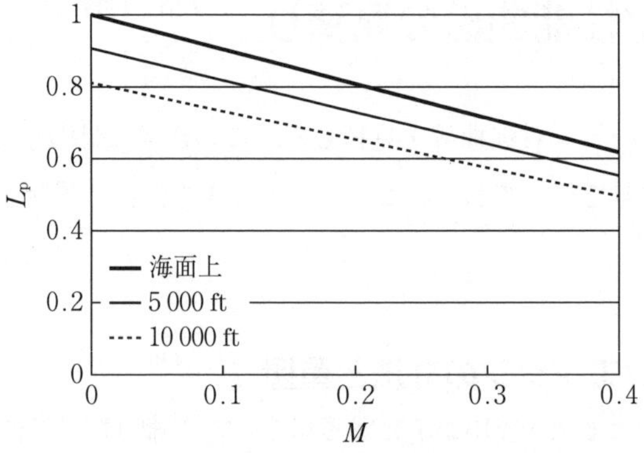

図5.1　離陸時エンジン性能（ラプスレート）

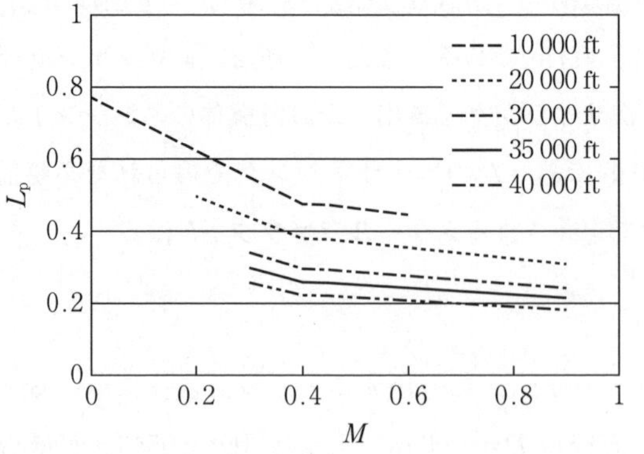

図5.2　巡航時エンジン性能（ラプスレート）

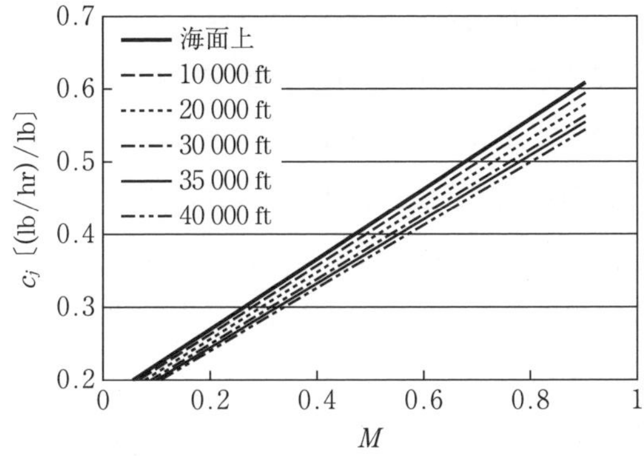

図5.3　エンジン燃料消費率

プスレートには，装備効率による5%の損失を考慮に入れてある。なお，参照エンジンのバイパス比 *BPR* は12であるが，表B.1ではバイパス比8までの場合の各係数が示されている。ここでは *BPR*=8の場合の各係数を用いて，*BPR*=12のエンジン性能を見積もった。

5.2　第2次サイジングとカーペットプロットの描画(*13*章)

*13*章の記述に従って**カーペットプロット**を描く。そのために，付録Cで述べる第2次サイジング用推算支援ツールを用いる（このツールは，FAR25が適用される遷音速ジェットエンジン機体専用である）。

2章で示した第1次サイジング結果（$T/W=0.33$，$W/S=118\,\mathrm{lb/ft^2}$）をベースラインとして，$T/W$ と W/S を3通りずつ（ベースラインを中心として±20%程度ずつ変化させ），計9通りの組合せについて，**表5.1**のようにパラメータを振って考えていく（なお，値の振り方については設計機体によって適切な振り幅が異なることがあるので，描かれた図を見て，適宜変更してもらいたい）。その他に，第2次サイジ

表5.1　考える W/S〔$\mathrm{lb/ft^2}$〕と T/W の組合せ

T/W ＼ W/S	95	118	141
0.38	7	8	9
0.33	4	5 ベースライン	6
0.28	1	2	3

ング用推算支援ツールへ入力した諸量は表 C.4 にまとめておく。

FAR 離陸距離（S_{TOFL}，*11.2.3*〔*1*〕項），**FAR 着陸距離**（S_{LFL}，*11.2.3*〔*2*〕項），**セカンドセグメント**における FAR 上昇性能要求（**SSC**，second segment climb，*4* 章），巡航開始時高度における上昇性能要求（**ICAC**，initial cruise altitude capability，初期巡航高度で機体は 300 ft/min の上昇性能を有すること，*13.1* 節）の 4 種類の要求を満たすなかで，最大離陸重量 W_{TO} が最小となる機体形態を探索していく。

付録 C の第 2 次サイジング用推算支援ツールを用いて得られた，上記 4 種類の性能関係のカーペットプロットを**図 5.4 〜 5.7** に示す。S_{TOFL} と S_{LFL} に関しては設計要求以下になること，SSC に関しては双発機の場合，上昇勾配が 0.024 以上であること，そして ICAC に関しては 300 ft/min 以上であることが要求となる。なお SSC について，第 1 次サイジングの結果（図 2.1）では，W/S によらず T/W のみに依存していたが，図 5.6 の SSC については，W/S の値にも依存している。これは，第 2 次サイジングにおいては，考えている W/S の値ごとに巡航時の機体重量を推算し，巡航時の揚抗比を求め，その値から SSC の値を得ているためである。

この図 5.4 〜 5.7 から読み取った要求性能の制限線に関して，縦軸に W_{TO} をとってカーペットプロットを描いた結果を**図 5.8** に示す。この図から，W_{TO} が最小となる機体形態を選ぶと

$$W/S = 100\ \mathrm{lb/ft^2} = 488\ \mathrm{kg/m^2}$$

$$T/W = 0.324$$

$$W_{TO} = 114\,000\ \mathrm{lb} = 51\,700\ \mathrm{kg}$$

となる。これより翼面積 S とエンジン離陸推力 T は

$$S = 1\,140\ \mathrm{ft^2} = 106\ \mathrm{m^2}$$

$$T = 36\,900\ \mathrm{lb} = 16\,800\ \mathrm{kgf} = 164\ \mathrm{kN}$$

が得られる。これらが第 2 次サイジングの結論である。

ここで，第 2 次サイジング用推算支援ツールのデータ入力シートに改めて上述の決定された値 $W/S = 100\ \mathrm{lb/ft^2}$ と $T/W = 0.324$ を入力し，性能推算シー

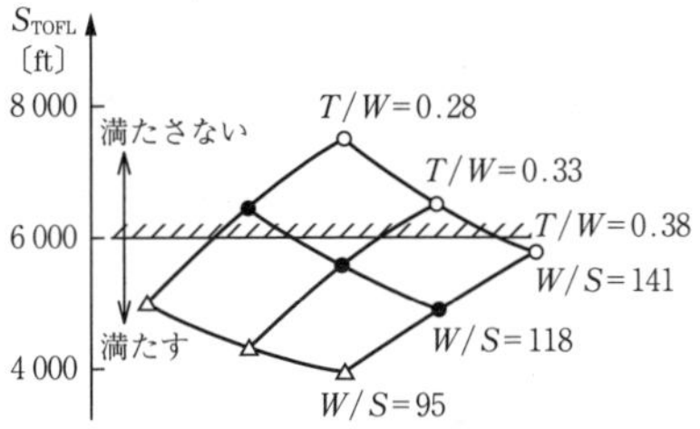

図 5.4　カーペットプロット（FAR 離陸距離）

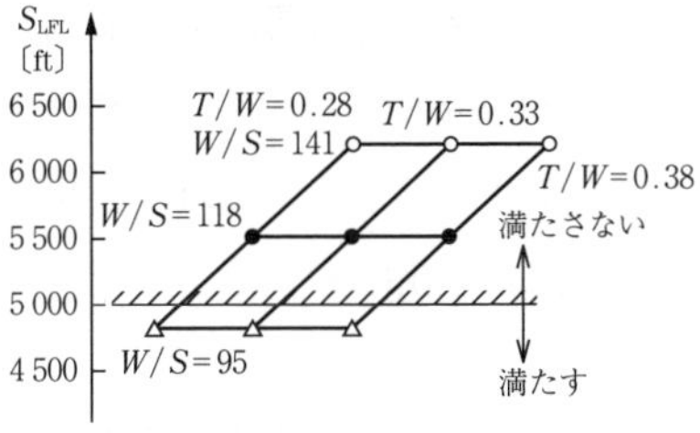

図 5.5　カーペットプロット（FAR 着陸距離）

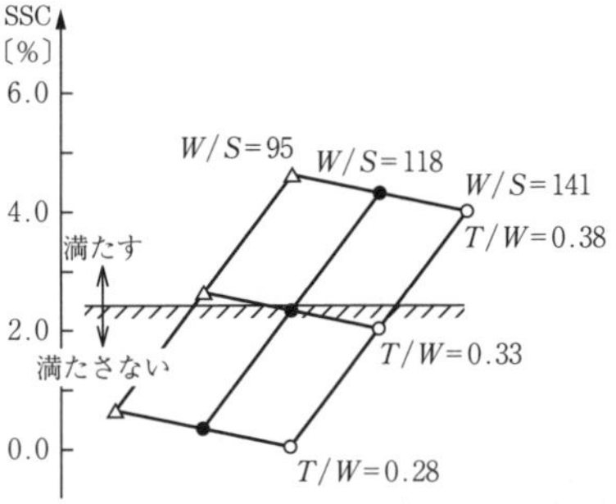

図 5.6　カーペットプロット（セカンドセグメントにおける FAR 上昇性能要求）

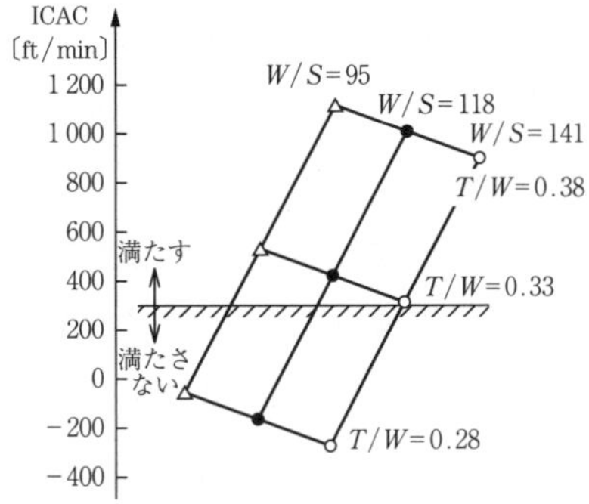

図 5.7　カーペットプロット（巡航開始時高度における上昇性能要求）

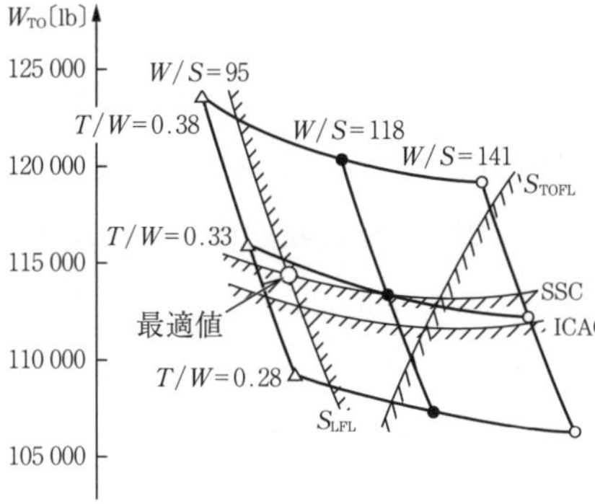

図 5.8　カーペットプロット（最大離陸重量）

ト内のグラフから**加速停止距離** S_b と V_1 の値を読み取って入力しておくことで（*11.2.3*〔*1*〕（*4*）項，付録 D），今回の設計機体の各種諸元を各シートから読み取ることができる。次節ならびに６章では，このようにして得られた数値を用いて検討を続けていく。

5.3　第２次サイジング結果の吟味

第２次サイジング結果を第１次サイジング結果と比較すると，推力機体重量比 T/W の値に大きな違いはないが，翼面荷重 W/S が 15 %以上減少している。これは図 5.8 を見てもわかるように，着陸距離（S_{LFL}）の設計要求の制限が一番厳しいためであり，これによって W/S の値は小さくなった。第１次サイジングでは，簡便な着陸距離推算法を用いていたことが一つの原因と考えられる。このほかに第２次サイジングでは，機体形態と寸法が明確になったために，より詳細な抵抗推算法や重量推算法を用いたことも影響している。つぎに述べるように，最大離陸重量 W_{TO} も減少したため，W/S が減少したにもかかわらず翼面積は第１次サイジングの結果にたまたま一致した（通常は，第１次と第２次のサイジングで翼面積が変化するのが普通である）。なお，ベースラインのエンジンとして既存のエンジンを選んで，それをラバーエンジンの考えで寸法などの諸元を求めたわけであるが，ラプスレートなどのエンジン性能については公開されていないため，本書では付録 B に示した簡便な性能モデルを用いており，これがサイジング結果に影響していることは否めない。

表 5.2 に２章の第１次サイジング完了時，３章の初期機体三面図描画準備時，そして本章の第２次サイジング完了時の重量について比較した結果を示す。以下では，それぞれ順番に添字（1），（2），（3）を付けて呼ぶこととする。最大離陸重量 W_{TO} については，第１次サイジング完了時（1）あるいは初期機体三面図描画準備時（2）（$W_{TO(1)} = W_{TO(2)} = 134\,000$ lb）に比べて第２次サイジング完了時（3）（$W_{TO(3)} = 114\,000$ lb）では 15 %程度減少した。ここで，初期機体三面図描画準備時（2）と第２次サイジング完了時（3）につい

表 5.2　第1次サイジングと第2次サイジングの設計重量比較（単位〔lb〕）

重量の各項目		(1)第1次サイジング完了時(2章)	(2)初期機体三面図描画準備時(表3.1)	(3)第2次サイジング完了時	Boeing 737-200[3)]
	主　翼		11 600	11 100	10 600
	水平尾翼		1 210	758	
	垂直尾翼		1 220	514	（尾翼全体）2 720
	胴　体		19 300	9 440	12 100
	主　脚		4 900	3 780	
	前　脚		864	718	（脚全体）4 354
	推進系統		12 500	10 600	8 180
	ナセル			4 810	1 390
	装備品類		（ナセル含）22 800	12 600	14 900
空虚重量 W_E		74 900	74 400	54 300	60 200
	使用不可の燃料類	（省略）	（省略）	570	（不明）
	運航に必要なアイテム	（省略）	（省略）	3 500	（不明）
	乗　員	1 030	1 030	1 030	（不明）
運用空虚重量 W_{OE}		75 900	75 400	59 400	（不明）
	ペイロード	26 300	26 300	26 300	（最大値）34 800
	燃料重量	32 200	32 200	28 400	（最大値）34 700
最大離陸重量 W_{TO}		134 000	134 000	114 000	116 000

て，これらの内訳を比較すると，運用空虚重量は $W_{OE(2)}=75\,400$ lb，$W_{OE(3)}=59\,400$ lb であり，この両者の差が W_{TO} のおもな軽減の理由であることがわかる。さらに，運用空虚重量の内訳を比較すると，胴体重量が $W_{fus(2)}=19\,300$ lb，$W_{fus(3)}=9\,440$ lb と差異が最大となっている。表5.2には，文献3）に示されている Boeing 737-200 に関するデータも示した。乗客数や航続距離などが異なるため，直接の比較はできないが，空虚重量 W_E に対する胴体重量 W_{fus} の比率は，（2）よりも（3）の結果のほうが Boeing 737-200 に近い。このことからも，この胴体重量の差，すなわち胴体の重量モデルが原因で，今回の差が生まれたと判断できる。胴体重量の違いは運用空虚重量の違いに結び付き，これが燃料重量の増大を招き，結果的に最大離陸重量に大きな差を生んだことになる。*9.1.1* 項で述べたように，初期機体三面図描画準備時（2）に重心位置把握のために用いた近似的な機体重量算出方法は，さまざまな旅客機の重量データを基に比例定数を定めただけの簡易なモデルである。

このため，今回の機体のような比較的小型の旅客機では見積り誤差が大きくなるモデルであった可能性がある。

このように，第1次サイジング完了時（1）や初期機体三面図描画準備時（2）のように機体形態の詳細が不明な段階では，機体規模にあまり依存しない重量モデルを使用せざるを得ず，第1次サイジングの結果の確からしさもその程度のものであると割り切る必要がある。第2次サイジングに用いた重量モデルについては，各部位ごとにその見積り精度を今後高める必要はあると思われるが，今回の第2次サイジングの結果は，第1次サイジングに比べれば，より確度の高い設計結果になっていると判断してよい。

コーヒーブレイク

VOR 航法装置を用いた飛行

4章のコーヒーブレイクでは，操縦に必要な計器の配置について説明した。機体の位置などを正確に知って，あらかじめ定められた経路に沿って飛行させる飛行方法を航法（navigation）と呼ぶ。この航法を行うためには地上設備と機上設備が必要となるが，これらの設備を使った航法の一例として，ここでは VOR 航法について説明する。

VOR とは，**超短波全方向式無線標識**（VHF omnidirectional range）と呼ばれる地上に設置された電波灯台のことである（*10* 章のコーヒーブレイクも参照）。機体に設置された VOR 受信機と計器盤にある VOR 指示器を用いることで，パイロットは操縦している機体の VOR に対する方位を知ることができる。これを用いると，VOR からある特定の磁方位（磁北を 0° として時計回りに測った方位のこと）へ結んだ線分に沿って VOR に向かって（あるいは VOR から遠ざかる方向へ）飛行させることができる。**図 1** は VOR から 60° の方位（これを 60° radial と呼ぶ）に向かって飛行しているときの VOR 指示器の表示を模式的に表したものである（VOR の情報を表示する計器にはさまざまなタイプがあるが，図では

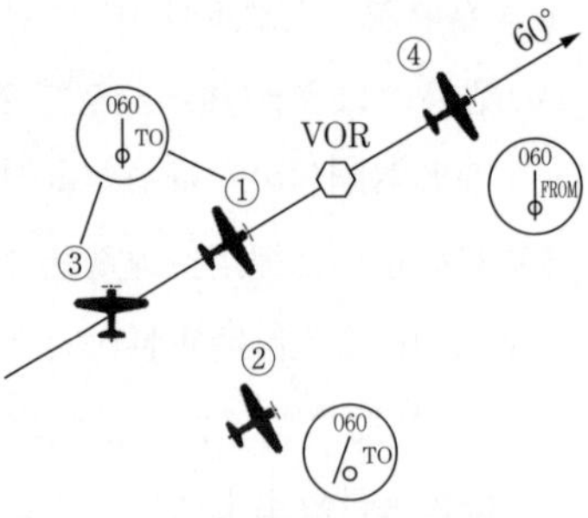

図 1　VOR 指示器の表示と機体の位置

小型飛行機に用いられてきた単純なアナログ計器の場合を模した。特定のradialにVORを設定するためには，VOR指示器上のノブをまわして設定する）。60° radial上に機体があるとき（図1の①）は，VOR指示器中の機体を表す丸印（中央にある）とVORを表す縦棒は一致している。もし機体がこのradialの右側を飛行している場合は（図1の②），縦棒は左に傾き丸印の左側に位置することで，機体が右側にいることをパイロットは理解できる。よって，この計器を視認しながら適切に機体の姿勢を変更する（この場合は機首を左に向ける）ことで，たとえ横風が吹いていても機体を特定のradialに沿って飛行させることが可能になる。注意すべきことは，機首の向きが，このradialの方向に一致していなくても，機体がradial上にあればVOR指示器上では丸印と縦棒は一致することである（図1の③）。

ここで詳細は省くが，VOR指示器には，特定のradialに沿って機体がVORに向かって飛行しているか（図1の①，VOR指示器上では“TO”と表示される），あるいはVORから遠ざかる方向に飛行しているか（図1の④，“FROM”と表示される）を示す機能がある。この機能によって60° radialに沿って飛行しているときに，“TO”から“FROM”へ表示が切り替わるのを見て，パイロットはVORの真上を通過したことを知ることができる。

このVORを使うことで，巡航中に特定の航路に沿った飛行が可能となる。また，目的空港への進入，着陸のためにもVORは活用されている。この点については6章のコーヒーブレイクで説明する。

6

機体性能評価と機体三面図の見直し

本章では，*11.2* 節で述べた方法に従って機体性能の推算を行い，これまで設計してきた機体が設計要求を満たしていることを確認する。そのうえで，機体三面図の見直しを行う。最後に，今回の小型ジェット旅客機の概念設計結果の吟味を行う。

6.1　機体の性能推算（*11.2* 節）

11.2 節の機体性能推算法を活用して設計機体の性能を確認するが，すでに5章で機体の細かい諸元が定まっているので，それらを活用する。このため，*11.2* 節の記述とは若干異なったアプローチをとる箇所がある。

6.1.1　エンジンの推力と最大飛行速度（*11.2.2* 項）

設計要求で与えられた巡航高度における巡航速度の要求を，設計機体が満たしているかを確認する。これまで巡航高度と巡航速度を与えて各種の性能を満たすようにサイジングが行われてきたが，設計された機体が巡航速度の要求を満たしていることを確認する作業は行っていなかった。

高亜音速で飛行する航空機の飛行速度を確認するには，*11.2.2* 項で述べているように，ある高度（ここでは巡航高度）における圧力比 $\delta = P/P_0$（P_0 は海面上の圧力）を用いて**必要推力** T_n と**利用推力** T_a を δ で割った T_n/δ，T_a/δ

を用いるのが便利である。

T_n/δ は，式 (*11.19*) を用いて求められる。T_a/δ は，付録 B に示したエンジン性能モデルを用いれば求められる。空力特性推算支援ツールの「必要推力推算シート」を用いることで，これらの値を推算し，横軸にマッハ数を，縦軸に T_n と T_a をとった図を描ける。詳細な使用法は，付録 C.2.2 項（および表 C.3）に述べてあるとおりである。このシートを用いて，設計機体の巡航高度における**推力-マッハ数曲線**を描いた結果を**図 6.1** に示す。**図 6.2** は，遷音速域を拡大した図である。*11.2.2*〔*2*〕項で述べたとおり，高速側（図の右側）の T_n と T_a の交点が，この高度における最大飛行速度である。図より巡航速度（$M_{cr}=0.78$）は，この最大飛行速度よりも左側に位置しており，設計機体

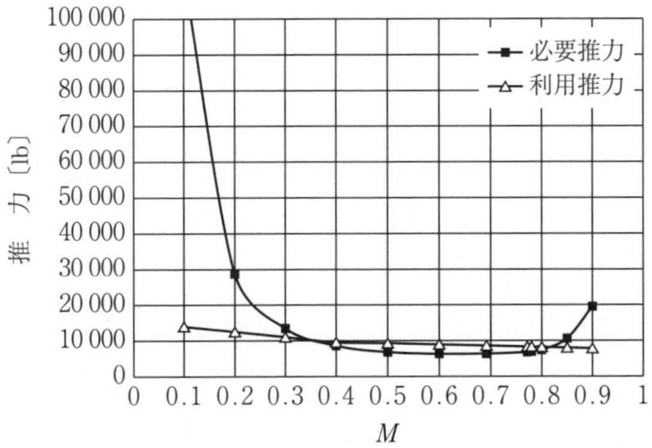

図 6.1　推力-マッハ数曲線（巡航高度）

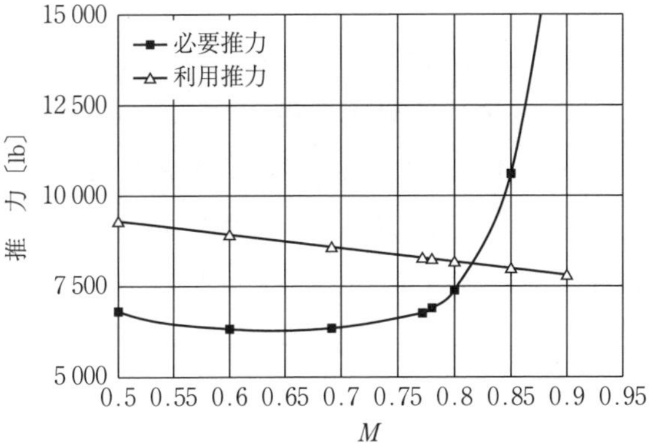

図 6.2　推力-マッハ数曲線（遷音速域拡大図，巡航高度）

が巡航速度の要求を満たしていると判断できる。なお，エンジンの空気取入れ口における全圧と全温には最大許容値があり（*11.2.2*〔*2*〕項），これによって最大飛行速度が制限を受けることがあるが，本書では詳細なエンジン性能などが不明なため，この点までは確認できないことを注記しておく。

6.1.2　上　昇　性　能（*11.2.1*〔*2*〕項）

11.2.1〔*2*〕項に従って上昇性能を確認する。設計要求で求められている上昇性能についてはサイジングの段階ですべて満たすことを確認済みであるので，ここでは一般的な上昇性能，すなわち図 *11.4* に例示された等上昇率線図と各高度における最大上昇率を表す図を描くことを目標とする。

定常飛行時の**上昇率** C（あるいは比余裕パワー P_s）は式（*11.10*）(6.1) を用いて求めることができる。

$$\text{式}\,(11.10)：C=P_s\equiv\frac{P_a-P_n}{W} \tag{6.1}$$

ここで，P_a は**利用パワー**（$=T_aV$），P_n は**必要パワー**（$=T_nV$）である。前項で用いた空力特性推算支援ツールの「必要推力推算シート」を応用すれば，いくつか異なる飛行高度における抵抗推算とエンジン性能推算を行うことができる。その結果から，最大飛行速度，最小飛行速度ならびに上昇率を求めて，図 *11.4* に相当する図を描くことができるので，読者のほうで検討してみていただきたい。

設計機体に関して，等上昇率線図と各高度における最大上昇率を表した図を描いた結果を**図 6.3** に示す。図より，**絶対上昇限**（absolute ceiling）は 43 500 ft，**実用上昇限**（service ceiling，100 ft/min）は 42 500 ft と読み取れる。ところで，実際の飛行に当たっては，*11.2.2*〔*2*〕項で述べたように，**バフェット限界**，**フラッター限界**，**失速限界**があり，それを超える範囲では飛行することはできない。失速限界については，クリーン形態における最大揚力係数が既知であり，高度変化にその値が依存しないとの仮定の下で，各高度における失速速度を求めることができる。そこで，図 6.3 に失速限界も表示してあ

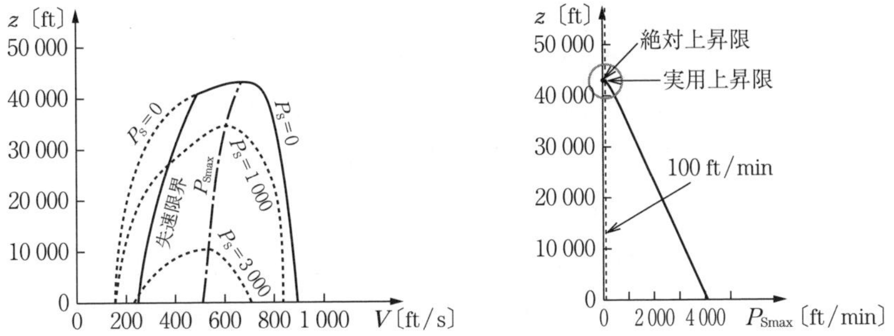

（a） 等上昇率線図（バフェット限界，フラッター限界含まず）　（b） 各高度における最大上昇率

図 6.3 等上昇率線図と各高度における最大上昇率（バフェット限界とフラッター限界は表示されていない）

る。しかしながら，バフェット限界とフラッター限界については，本書の範囲を超えているため，図 6.3 に表示されていないことに注意していただきたい。バフェット限界については，文献 1)，pp.262 ～ 265 に簡便な推算方法が紹介されている。

6.1.3 巡航性能 (*11.2.1*〔3〕項)

設計機体の航続距離は，**ブレゲーの式** (*11.14a*) を用いて，**ペイロード-航続距離関係図**（payload range diagram，図 *11.5*）を描くことで確認される。なお，式 (*11.14b*) は航続距離が最大となる飛行条件（$(C_L^{0.5}/C_D)$ を最大にする速度 V_2 で飛行，表 *11.1*）で飛行した場合の航続距離であり，ここでは用いない。前章のカーペットプロット描画に用いた推算支援ツールの説明で述べたとおり（付録 C.3〔8〕項），式 (2.1) によって上昇終了後から下降開始の間に飛行する距離が航続距離に等しくなるようにすでにサイジングされている（すなわち，上昇下降時に飛行する距離は航続距離に含めていない）。

ペイロード-航続距離関係図を描くためには

（1） 最大ペイロード（かつ最大離陸重量で離陸）時の航続距離（設計要求で与えられた航続距離の条件を満たす必要あり）

（2） ペイロードは減少させても，燃料を最大限積載して飛行した場合の航続距離（離陸時の重量は最大離陸重量を超えないこと）

（3） ペイロードが零の場合に，燃料を最大限積載して飛行した場合の航続距離（離陸時の重量は最大離陸重量よりも少ない）

以上，3ケース条件における（ペイロード，航続距離）の組合せを求めればよい。このうち，（1）については前述のように条件を満たしている（ペイロード重量 $W_{PL}=26\,300$ lb，航続距離 2 500 nm）。ところで，設計結果（第2次サイジング用推算支援ツールの Resizing シート参照）より，上昇終了時の機体とエンジンスタート時の機体重量比（fuel fraction，*4.2.3* 項）は $W_4/W_{TO}=0.956$ であり，距離 2 500 nm の巡航開始と終了時の機体重量比は $W_5/W_4=0.832$ である。すなわち，巡航に使用された燃料 $W_{Fcruise}$ は

$$W_{Fcruise}=W_4-W_5=(1-W_5/W_4)\times W_4/W_{TO}\times W_{TO} \tag{6.2}$$

で表されるので，$W_{Fcruise}=18\,300$ lb となる。前章で得られた燃料重量 $W_F=28\,400$ lb との差は，巡航以外の飛行フェーズ（離陸，上昇，下降，着陸など）に用いられる燃料と予備燃料の和であり，その値は $W_{Fothers}=10\,100$ lb である。

つぎに，（2）と（3）の場合について検討する。航続距離を式 (2.1) から求めるためには，巡航速度 V_{cr}，燃料消費率 c_j，巡航揚抗比 L/D_{cr} の値が必要であるが，簡単化のため（2）と（3）の場合でも（1）と同一の値を使用する（$V_{cr}=450$ knot at 35 000 ft，$c_j=0.501$ (lb/hr)/lb，$L/D_{cr}=15.1$）。なお，L/D_{cr} は巡航開始時の値で代表している。また，巡航以外の飛行フェーズの燃料と予備燃料の和も（1）の場合の $W_{Fothers}=10\,100$ lb と同一であるとする。

まず，**最大燃料積載量**を求める。3.2.2 項と同様に，主翼内燃料タンク容積を5章で得られた設計機体について式 (3.4) を用いて求めると $V_t=22.5\ \mathrm{m}^3$ となる。ジェット燃料の比重を 0.8 kg/litter とし，また機構上の制約で利用できない燃料重量 $W_{tfo}=570$ lb を差し引くと，最大で利用可能な燃料は $W_{Fmax}=39\,100$ lb となる。よって，巡航に使用できる燃料は $W_{Fmax}-W_{Fothers}=29\,000$ lb である。

（2）の場合は，この燃料を搭載し，かつ最大離陸重量で離陸するケースで

ある。そのため，燃料が増えた結果として最大離陸重量を超過しないようにペイロードを削減することになる。すなわち，（2）のペイロード W_{PL2} は

$$W_{\mathrm{PL2}}=W_{\mathrm{PL}}-(W_{\mathrm{Fmax}}-W_{\mathrm{Fothers}})-W_{\mathrm{Fcruise}})=15\,600\ \mathrm{lb}$$

となる。（2）の場合の巡航フェーズでの機体重量比を $(W_5/W_4)_2$ とすると

$$(W_5/W_4)_2=\frac{W_4/W_{\mathrm{TO}}\times W_{\mathrm{TO}}-(W_{\mathrm{Fmax}}-W_{\mathrm{Fothers}})}{W_4/W_{\mathrm{TO}}\times W_{\mathrm{TO}}} \tag{6.3}$$

であるので，$(W_5/W_4)_2=0.733$ となる。よって，（2）の場合の航続距離 R_2 は，式 (2.1) より $R_2=4\,200\ \mathrm{nm}$ と求められる。

（3）の場合も同様にして考える。巡航に使用できる燃料重量は（2）と同一であるが，今回はペイロードが零となるため，最大離陸重量 W_{TO3} は

$$W_{\mathrm{TO3}}=W_{\mathrm{TO}}-W_{\mathrm{PL2}}=98\,400\ \mathrm{lb}$$

に減少する。（3）の場合の巡航フェーズでの機体重量比を $(W_5/W_4)_3$ とすると

$$(W_5/W_4)_3=\frac{W_4/W_{\mathrm{TO}}\times W_{\mathrm{TO3}}-(W_{\mathrm{Fmax}}-W_{\mathrm{Fothers}})}{W_4/W_{\mathrm{TO}}\times W_{\mathrm{TO3}}} \tag{6.4}$$

であるので，$(W_5/W_4)_3=0.692$ となる。よって，（3）の場合の航続距離 R_3 は $R_3=5\,000\ \mathrm{nm}$ と求められる。

以上をまとめると，（1），（2），（3）の場合の（ペイロード，航続距離）の組合せは，それぞれ (26 300 lb, 2 500 nm)，(15 600 lb, 4 200 nm)，(0 lb, 5 000 nm) と表される。これらのデータをペイロード-航続距離関係図として描いた結果が**図 6.4** である。

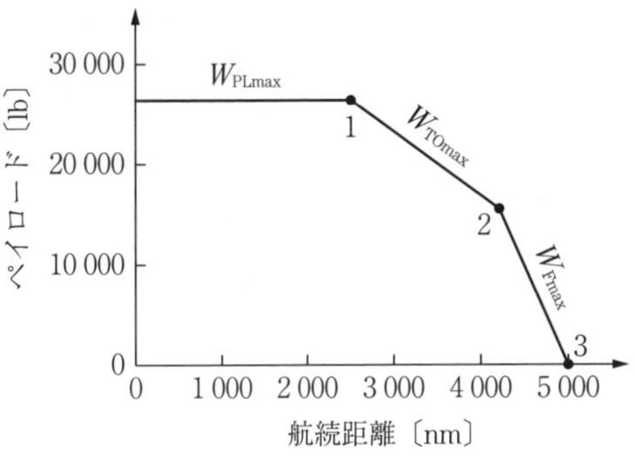

図 6.4 ペイロード-航続距離関係図

6.1.4 離着陸性能 (*11.2.3*項)

*11.2.3*項で述べた方法で離着陸性能を推算している5章の第2次サイジング結果より，設計機体の離着陸性能が得られている。FAR25離陸距離（海面上）は4 740 ft，ただしエンジン正常時の離陸距離は4 400 ft，**加速停止距離** S_b は4 740 ft（そのときの臨界速度 V_1 は117 knot）となっている。**図6.5**に S_b を求める際に描いた図（機体移動距離-機体速度関係図，付録C.3節）を示す。エンジン一発停止後にそのまま離陸を選択した場合と離陸を中止して地上に停止することを選択した場合の二つのケースの交点が V_1（図では〔ft/s〕の単位で表示）と S_b〔ft〕で示している。なお，付録Cの第2次サイジング用推算支援ツール内で S_b を算出する具体的な方法については，*11.2.3*項の記述では十分でないため，付録Dで改めて説明してある。

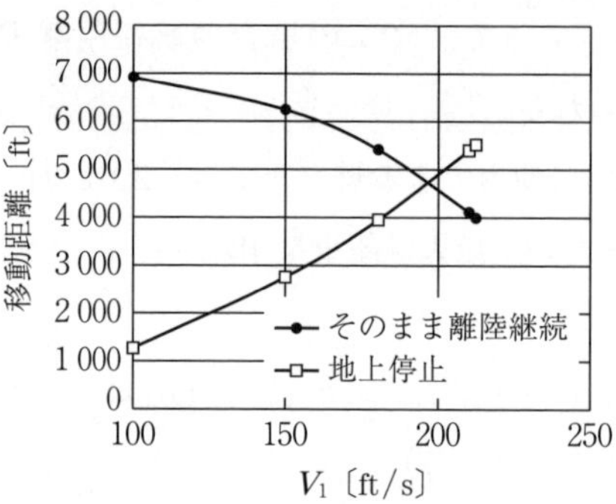

図6.5　加速停止距離を求めるための図

6.2 機体三面図の見直し (*13.2*節)

5章で述べたように，第2次サイジングの結果では，主翼面積が第1次サイジング時にたまたま同じ数値の110 m^{2}となった。ただし，機体重量については5.3節で述べたように，かなりの変更があった。これは機体重心位置に少なからずの影響を及ぼしているはずであり，ここで改めて3.5節の作業と同様にして重心位置を確認のうえ，機体三面図を描画することとする。**図6.6**に修正された重量-重心位置関係図を，**図6.7**に修正機体三面図を示す。第1次サイジング結果（図3.7）に対して，胴体に対する主翼位置が若干変化したため

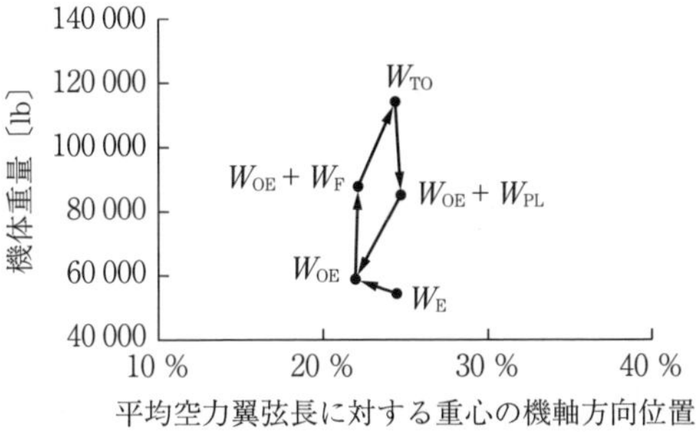

図 6.6　修正重量-重心位置関係図

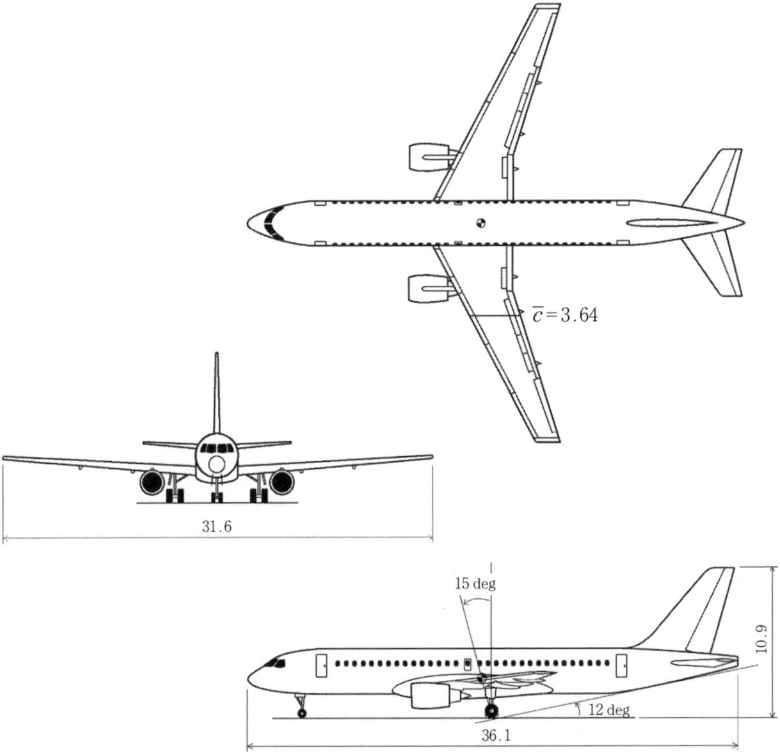

図 6.7　修正機体三面図（単位〔m〕）

に，胴体に対する水平尾翼位置もわずかに移動している。前脚と主脚の位置関係は4章と同様に設定することで，前脚は約7％の自重を支えていることに変化はない。

6.3　設計結果の吟味(14章)

ここまでの作業で，120人乗り小型ジェット旅客機の概念設計を行った。得られた機体の各諸元を**表 6.1** にまとめる。

表 6.1　設計機体諸元のまとめ

乗客数		120(single class)
乗　員		2+3
主要寸法		
全幅（翼幅）	m	31.6
全　長	m	36.1
最大高さ	m	10.9
胴体幅	m	3.30
胴体高さ	m	3.30
客席長さ	m	22.9
主翼面積（設計基準）	m^2	106
重　量		
最大離陸重量	lb/kg	114 000/51 700
運用空虚重量	lb/kg	59 400/26 900
空虚重量	lb/kg	54 300/24 600
ペイロード重量	lb/kg	26 300/11 900
燃料重量	lb/kg	28 400/12 800
性　能		
航続距離	nm/km	2 500/4 630
巡航マッハ数		0.78
巡航高度	ft/m	35 000/10 700
離陸距離(海面上)	ft/m	4 740/1 440
着陸距離(海面上)	ft/m	5 000/1 520

絶対上昇限	ft/m	43 500/13 300
実用上昇限度	ft/m	42 500/13 000
エンジン		
エンジン数		2
最大離陸推力/エンジン一基	lb/kN	18 500/82
推力・機体重量比		0.324
翼面荷重	〔lb/ft^2〕/〔kg/m^2〕	100/488
エンジンファン直径	m	1.65
主　翼		
平均空力翼弦長	m	3.64
主翼 25 %翼弦長での後退角	deg	25
主翼テーパー比		0.33
主翼アスペクト比		9.4
水平尾翼		
水平尾翼面積（設計基準）	m^2	29.1
平均空力翼弦長	m	2.87
25 %翼弦長での後退角	deg	30
テーパー比		0.4
アスペクト比		4
垂直尾翼		
垂直尾翼面積（設計基準）	m^2	22.6
平均空力翼弦長	m	3.93
25 %翼弦長での後退角	deg	35
テーパー比		0.35
アスペクト比		1.7
降着装置		
車輪前後間隔(wheel base)	m	13.6
車輪左右間隔(wheel track)	m	6.0

この表 6.1 と表 1.1 を見比べることで，設計された機体は与えられた設計要求（乗客数，航続距離，巡航マッハ数と高度，離陸距離と着陸距離）をすべて満たしていることが確認できる。

ところで，2章の第1次サイジングの最初の段階で，類似機体の重量データを参考にしたことがあった。ここで，これらの機体と今回の設計機体の比較を文献 2）のデータに基づいて行った結果を**表 6.2** に示す。乗客数や航続距離が同程度の 2 機の重量，主翼面積などの主要な諸元を本設計機体のそれらと比較すると，本設計機体ではほぼ同様な値の範囲内に収まっており，本書で用いた概念設計手法がある程度までは使用に耐え得ることを示唆していると考えている。ただし，5.3 節で述べたように，機体の各部位の重量推算モデルやエンジン性能モデルについてはさらなる検討が必要と考えている。

表 6.2　類似機体諸元との比較

機体名称	乗客数（single class）	巡航マッハ数	航続距離〔nm〕	最大離陸重量〔lb〕	運用空虚重量〔lb〕	主翼面積〔ft^2〕	W/S〔lb/ft^2〕	T/W
Bombardier CS100ER	110～125	0.78	2 950	129 000	不明	1 209	106.0	0.364
Embraer ERJ190-100IGW	98～114	0.78	2 300	114 195	62 126	996	114.7	0.345
本　書	120	0.78	2 500	114 000	59 400	1 140	100	0.324

一方で，飛行性の確認については 3 章で尾翼容積を用いて検討を行った程度であり，具体的な機体形態がある程度まで定まった現在の段階で機体の操縦安定性について確認する作業（*12.1* 節）を本書では行っていない。例えば，縦の静安定の初期的な確認は，文献 3）の 16 章の方法を用いることで可能になる。またこの作業を通して，尾翼の取付け角度が判明するので，全機の縦のトリムをとる際に水平尾翼が発生する**トリム抵抗**を見積もることができ，これを抵抗推算の結果に加えることができる（4.3.3 項）。

コーヒーブレイク

空港への VOR アプローチ

10 章のコーヒーブレイクで述べたように，天候が悪く視界不良の気象条件下では，**計器飛行方式**（**IFR**）による飛行となる。ここでは，IFR によって目的空港へ進入，着陸する飛行について紹介する。大規模空港では，**計器着陸方式**（**ILS**，instrument landing system）を用いて，滑走路を視認できなくても，滑走路軸線に対する左右方向と上下方向両方のずれを確認しながら進入し着陸することが一般的であり，これは**精密進入方式**の一つである ILS アプローチと呼ばれている。ただし，ILS が装備されていない空港では，**非精密進入方式**の一つである **VOR アプローチ**と呼ばれる方式で着陸することがある（VOR については 5 章のコーヒーブレイクを参照）。

アプローチを実行するためには，管制からの許可（**クリアランス**）を得たうえで，各空港への進入と着陸に関する細かいアプローチ手順が規定された図表（**アプローチチャート**）に従って飛行する。今回のために筆者が簡略化し，かつ仮想的に描いた VOR アプローチチャート（**図 1**）を基にして説明する。実際の飛行はもっと複雑な手順となり，図 1 はあくまでも VOR アプローチの概要紹介のために作成した図と考えていただきたい（図中ならびに以下の説明中の丸数字は，説明と図の該当箇所を対応させるために便宜的に付加してある）。

いま，A 空港の脇に “A” VOR が設置されているとする。この A 空港の海面上

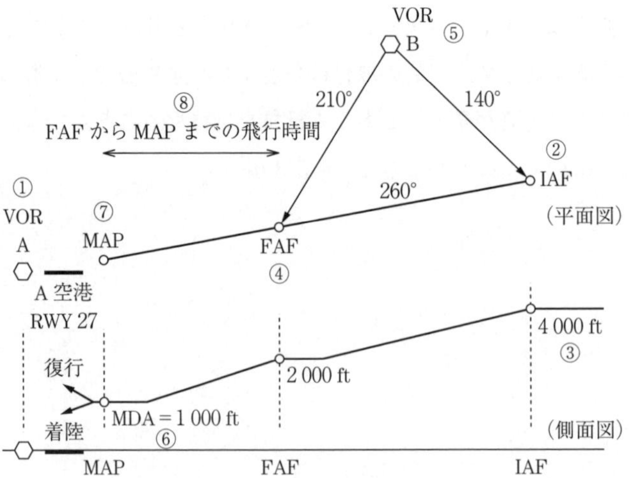

図 1　VOR アプローチチャートの概念図の例

にある270°方向（西の方向）を向いた滑走路RWY 27に進入・着陸するVORアプローチを考える。図1上部のアプローチチャート（平面図）のように，このアプローチでは“A” VOR（①）の260° radialに沿って直線的に進入するように規程されている（VORの特定のradialに沿って飛行する方法については，5章のコーヒーブレイクを参照）。地点**IAF**（initial approach fix，**初期進入開始点**，②）から進入を開始する。図1下部の側面図に記載があるように（③），IAFの進入開始時には高度4 000 ftで260°方向に飛行していることが要求される。IAFから降下を開始し，地点**FAF**（final approach fix，**最終進入開始点**，④）までに高度2 000 ftまで降下することが求められる（FAFの手前では2 000 ft以下に絶対に降下してはならない）。VORはILSと異なり高度のずれを知る手段がないため，機体自身の高度計を用いてパイロットは高度を判断する。非精密進入と呼ばれている所以である。なお，IAFとFAFの正確な位置は，“A” VORの260° radialと，別のVOR “B”（⑤）の140° radialとの交差点がIAF，VOR “B”の210° radialとの交差点がFAFと定められている。すなわち，パイロットは2台のVORを用いて，“A” VORと“B” VORからの情報を得ながら飛行することとなる。FAF通過後は最終進入となり，**最小降下高度**（**MDA**，minimum descend altitude，ここでは1 000 ft，⑥）まで降下を続けることが許される。あらかじめ定められた**進入復行点**（**MAP**，missed approach point，⑦）において高度1 000 ftまで降下しても滑走路を視認することができなければ，パイロットはmissed approachを宣言し，着陸をあきらめて，ただちに上昇しなければならない（missed approachのために機体に要求される上昇性能については，*4.3.4*項の第1次サイジングにおいて詳述したとおりである）。滑走路が視認できれば，RWY 27へ着陸できる。

MAPの位置は，“A” VORからの距離で規定されているが，機上のVORのみでは距離がわからないために，FAFからMAPまでの飛行時間がアプローチチャートに飛行速度ごとに明示されている（⑧）。パイロットは，あらかじめ空港周辺の風の情報を得ておき，風の影響を考えてFAFからMAPまでの飛行時間を補正しておく。FAF通過時にパイロットは，この補正した飛行時間をタイマーにセットしたうえで，タイマーを動作させることで，機体がMAPに到達した時点を知ることができるようにしておく。

以上がVORアプローチの概要である。

Ⅱ　部

新型航空機に対する概念設計手法の適用
～ハイブリッド電動航空機を例にとって～

15章では，新形態航空機や超音速旅客機といった新型航空機の概念設計例について，その概要を紹介した。このⅡ部では，これまで述べてきた概念設計手法を用いて，一般的な機体とは異なる形態や機能を有する新型航空機について概念設計をどのように行うかを，具体例を基にして説明する。この例を参考にしてもらえれば，Ⅱ部で紹介する機体以外の新型航空機を概念設計する場合でも，前著と本書の航空機概念設計手法を活用することができるはずである。

7 地球温暖化防止を目指したハイブリッド電動航空機について

II 部では，ハイブリッド電動航空機を例にとって，新型航空機に対して概念設計法を適用する方法を紹介する。本章では，まずハイブリッド電動航空機に関する全般的な説明を行う。なお，新型航空機のうち形態や形状が新しい航空機の特徴については，15 章や文献 1）を参照していただきたい。

7.1 は じ め に

II 部で取り上げる新型航空機は，環境適合型航空機の一種のハイブリッド電動航空機である。**環境適合型航空機**とは，エンジンからの有害ガスの排出が抑制された機体あるいは離着陸時の航空機騒音が低減された機体を総称した名称である。後者の航空機騒音に関しては，8 章のコーヒーブレークを参照されたい。前者の有害ガス抑制に関して，近年の地球温暖化防止の意識の高まりに呼応して注目されるようになった機体が**ハイブリッド電動航空機**である。

ハイブリッド電動（hybrid electric）**推進**とは，燃料を燃焼させるエンジンとバッテリー駆動の電気モータを併用する空気吸込み推進方式のことである。一方で，バッテリーを用いずに，ガスタービン発電による電気モータを用いた空気吸込み推進方式は，**タービン発電・電動推進**あるいは**ターボエレクトリック**（turbo electric）**推進**と呼ばれる。なお，一般的な用法に鑑み，本書では，ハイブリッド電動とターボエレクトリックによる推進方式を総称して「ハイブリッド電動」推進と呼ぶことにする。**電動化された推進系**（electrified propulsion）に関して，これ以外にはバッテリーのみを用いる**完全電動**（all electric）**推進**がある。詳細については，7.3節を参照されたい。

本章では，7.2節で地球温暖化と航空機の関係について今後の展望をまとめる。7.3節では，ハイブリッド電動航空機として提案されている種々の方式を紹介する。7.4節では，電動航空機の特性をまず理解してもらうために，エンジンを併用しない完全電動航空機の成立性について検討する。そのうえで8章では，ハイブリッド電動航空機の概念設計例を紹介する。これらによって，本書の概念設計法を新型航空機に適用する考え方（概念設計法の改修方法）を把握してもらいたい。

7.2　地球温暖化防止に向けて

1992年に採択された気候変動に関する国際連合枠組条約と1997年に採択されたこの条約に関する京都議定書によって，地球温暖化の元となる温室効果ガスの排出量を削減することとなった。航空機が排出するCO_2も削減することが必要になり，このうち国内線の航空機が排出するCO_2に関しては各国の責任において削減することとなり，国際線の航空機については**国際民間航空機関**（**ICAO**）が削減を追求することが決められた[2]。ICAO内に設けられた**航空環境保全委員会**（**CAEP**）は，航空機のCO_2排出基準の検討を開始した。その結果，2010年のICAO総会においてグローバル削減目標が合意された。2050年まで航空機の燃料効率を毎年2％改善することと，2020年以降温室効果ガスの排出を増加させないこと（これを**CNG2020**，Carbon Neutral Growth 2020と呼ぶ）が合意の概略である[3]。

一方，2013年にエアライン各社などで組織される**国際航空運送協会**（**IATA**）は，CNG2020を達成することも念頭に置いてCO_2排出量削減の今後の見通しを立てた（**図7.1**，文献4）を基に作成）。この中でCO_2排出量削減の対策として考えられている方策はつぎの4点である。すなわち，① 燃費を削減でき

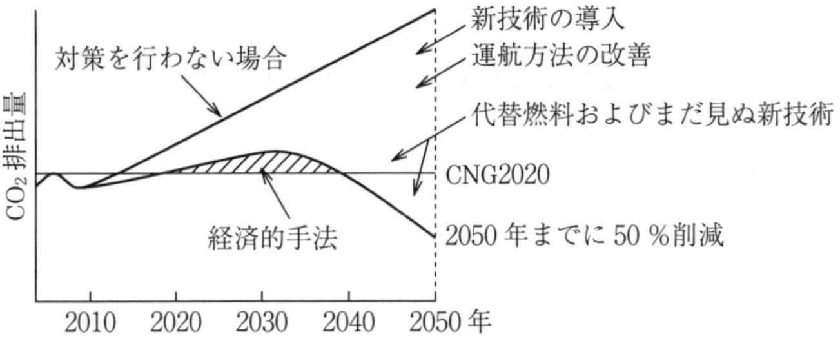

図 7.1　IATA による CO_2 排出量削減目標

る新技術の導入，② 航空管制の高度化による運航方式の改善，③ **バイオ燃料**[4]のような代替燃料の活用，そして ④ 経済的手法（**カーボンオフセット**と呼ばれる温室効果ガスの削減活動や国どうしでの排出量取引き）である[3]。ここで，バイオ燃料とは，藻などから作られる生物由来の燃料であり，これを燃焼させると CO_2 は発生するものの，その育成過程では光合成により CO_2 を吸収しているので，その差し引きにより CO_2 の排出はないと捉えることのできる燃料のことである。

図 7.1 に示されているとおり，上記 ①，②，③ の活用により CO_2 削減を目指していくが，2040 年ころまでは CNG2020 を達成することができないと予測されるため，それを補うために ④ の経済的手法を活用する計画になっている。また，2050 年までに CO_2 排出量を 2010 年の値の 50 %にするという目標がある。そのためには，①～③ の方策のみでは不十分であり，図 7.1 に記した「まだ見ぬ新技術」がさらに必要とされると考えられている。このII部で検討する電動航空機が「まだ見ぬ新技術」の一つとして注目されている所以である。

さらには，① の「燃費を削減できる新技術の導入」によって CO_2 排出量削減を促進させるため，2017 年に ICAO によって国際民間航空条約（シカゴ条約）の附属書内に「航空機の CO_2 排出基準」が新設された。これは，航空機の燃費に関する指標をある一定の値以下にすることを義務づけたものであり，2020 年以降新規設計航空機にまず適用され，2028 年以降それ以外の航空機にも適用されることになっている[2]。

7.3 ハイブリッド電動航空機の分類

ハイブリッド電動航空機には，使用する推進機関や推進方式の違いによってさまざまな形態がある。これらの形態の分類方法はいまだ固まっているわけではなく，文献によって若干異なった整理が行われている。本節では文献5）～7）を参考にして，**図7.2**のように分類する（バッテリーのみを使用する完全電動型も含めて，大分類として4種類，小分類を含めると全6種類に分類してある)。なお，7.1節で述べたように，以下の〔1〕項で説明する完全電動型は，定義上ハイブリッド電動航空機には分類されないが，本節の整理では便宜上リストアップしてある。

〔1〕 完全電動型（all electric，図7.2（a））

バッテリーから得た電力で電動モータを作動させ，モータからギヤボックスを介して接続されたファンを回して推力を得る方式である。機体に搭載したバッテリーのみからエネルギーを得る（ギヤボックスは図では省略してある)。図中にある「**パワーマネージメント機器**」とは，インバータ（直流から交流への変換器）やコンバータなどを含む，いわゆる**パワーエレクトロニクス機器**類を指しており，モータにとって最適な特性の電力を供給する制御装置のことである。以下に示すほかのタイプでも使用される。完全電動型は，小型プロペラ機では実現された例がある[8)]。7.4節において，旅客機への完全電動型の適用の可能性について検討する。

〔2〕 パラレル-ハイブリッド型（parallel hybrid electric）

ターボファンエンジンと電動モータが別々に（並列に）燃料とバッテリーによって作動する方式のことである。エンジンとモータが同一のファンを回転させる方式をタイプA，別々のファンを回転させる方式をタイプBと呼ぶこととする。推進効率を高めるためには，燃料とバッテリーを使用するフェーズを適切に選択する必要がある。

① **タイプA**（図7.2（b））　ターボファンエンジン・コア部からの軸出

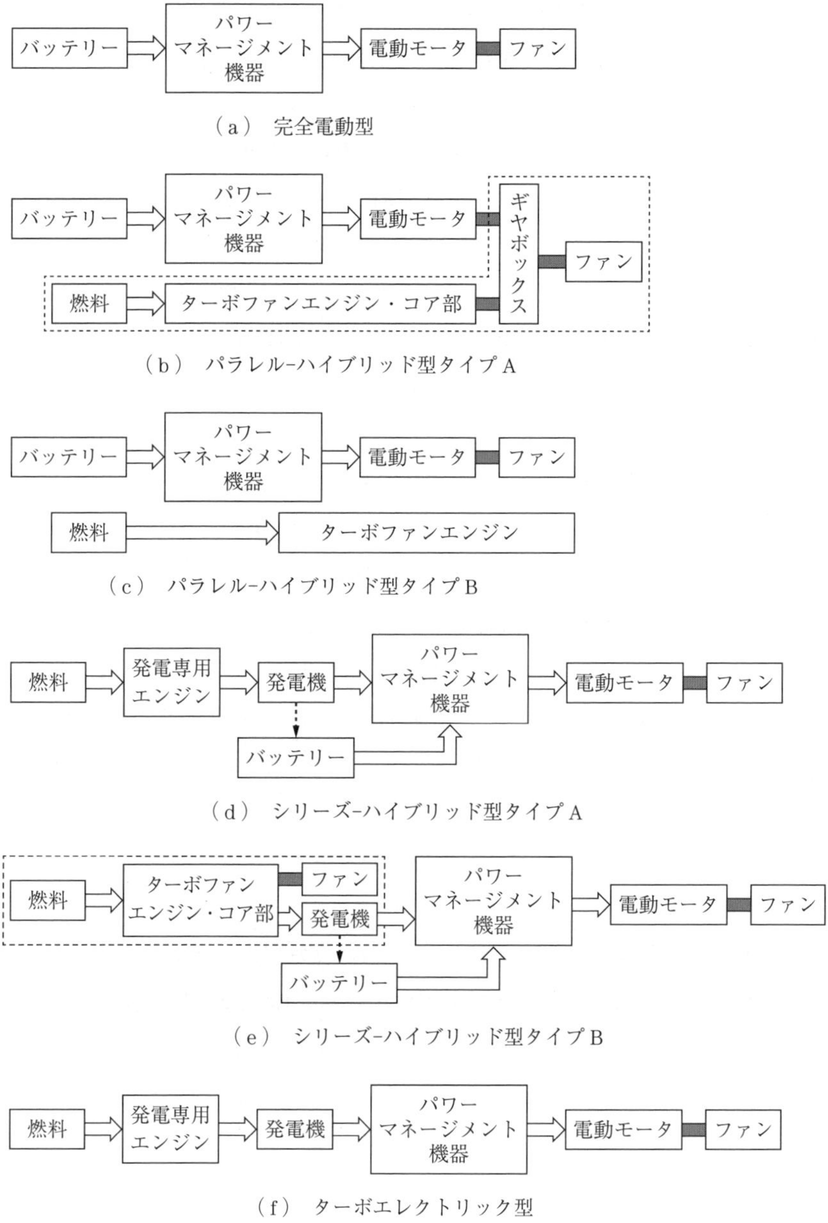

（a）　完全電動型

（b）　パラレル-ハイブリッド型タイプA

（c）　パラレル-ハイブリッド型タイプB

（d）　シリーズ-ハイブリッド型タイプA

（e）　シリーズ-ハイブリッド型タイプB

（f）　ターボエレクトリック型

図7.2　ハイブリッド電動航空機の分類

力と電動モータの軸出力を一つのギヤボックスに入力して，同一のファンを回転させる方式である。図の点線で囲った部分がターボファンエンジンに相当する部分であり，電動モータからの軸出力がターボファンエンジンに入力されているような形態となる。NASAで検討された環境にやさしい将来航空機構想の一つであるハイブリッド電動航空機SUGAR Voltで，このタイプの利用が提案されている[9]。

② **タイプB**（図7.2（c））　ターボファンによる推力とバッテリーで駆動した電動モータによって回転させたファンからの推力の2系統で並列に推進力を得る方式である。ターボファンと電動モータをまったく別々の系で駆動する方式であり，システムとしてはタイプAに比べて単純となる。見かけ上の推進機の数（ファンの数）は，少なくともタイプAの2倍となる。

〔3〕 **シリーズ-ハイブリッド型（series hybrid electric）**

燃料から発電した電力とバッテリーの両者を使って電動モータによってファンを回転させて推力を得る方式である。発電専用のエンジンを使用する方式をタイプA，ターボファンエンジンを使って発電する方式をタイプBと呼ぶこととする。この型は，パラレル-ハイブリッド型と同様に，バッテリーとエンジンを使用するフェーズを適切に選択することで，効率良く推進できる可能性が考えられる。

① **タイプA**（図7.2（d））　専用の発電用エンジンを搭載する方式である。発電された電力に余剰分がある場合は，バッテリーを充電することができる（タイプBも同様，図中の点線矢印参照）。発電用エンジンを胴体内に収納することは容易であり，エアバスが検討しているBAe146機を改修するE-fan Xハイブリッド電動推進実証機は，このような形態を採用している[10]。

② **タイプB**（図7.2（e））　タイプAのような専用の発電用エンジンの代わりにターボファンエンジン（点線部）を搭載し，軸出力を使用して発電機を駆動するだけではなく，ターボファンエンジンとしてのファン出力も推力として活用する方式である。ターボファンエンジンからと電動モータからの2系列の出力があるために，パラレル-ハイブリッド型の一種としても捉えること

ができ，文献5）では，このタイプをシリーズ／パラレル-ハイブリッド型（series/parallel partial hybrid electric）と呼んでいる。なお，本項のタイプA，タイプB共に，これらのタイプのバッテリーは，上述〔1〕，〔2〕項のようにエネルギー源としてバッテリーを用いるというよりは，外部との間でエネルギーを蓄えたり放出したりするキャパシタとしての役目をおもに果たしている。

〔4〕　**ターボエレクトリック型**（**turboelectric**，図7.2（f））

シリーズ-ハイブリッド型タイプAからバッテリーを除いた方式であり，発電用エンジンによって発電された電力のみを用いてファンによる推進力を得る方式である。シリーズ-ハイブリッド型の派生型とも考えてよい。ターボエレクトリック型のエンジン性能評価については文献11）に詳しい。

7.4　完全電動航空機の機体成立性の検討†

ハイブリッド電動航空機について検討を始める前に，本節ではバッテリーのみを動力源とする完全電動航空機について考えたい。前述のように，小型プロペラ機では実現している方式であるが，旅客機にこの方式を適用できるか航空機概念設計手法を用いて簡単に検討してみる。

7.4.1　完全電動航空機による飛行を可能とするバッテリーの重量

通常の航空機であれば，ブレゲーの式（式（*11.14a*））を用いて航続距離を飛行するために必要となる燃料重量を求めることができる。しかし，完全電動航空機では，飛行開始時と飛行完了時でバッテリーの重量には変化がなく，ブレゲーの式を用いることはできない。そこで，エネルギー消費の面から検討す

† 7.4節と8章の内容は，文献12）で報告された検討結果に基づいている。筆者と共にこの検討に携わった原田基至，左海将之，玉置義治，豊田広祐，服部優子，前泊倫，臼杵智章，大森太加，千葉崇，益子哲行，蒋理，佐藤良亮，今村太郎の諸氏に謝意を表する。

る。

最初に巡航中であるが，機体重量 W はつねに最大離陸重量 W_{TO} に等しい。巡航中の必要推力 T_{cr} は，機体に働く抵抗 D に等しく（*11.2.1*〔*1*〕項），W_{TO} は揚力 L とつり合っているとおけるので，巡航中の揚抗比 $(L/D)_{\mathrm{cr}}$ を用いれば，式(7.1)が成り立つ（以降の本項内での解説の便利のため推力などの力の単位は〔N〕とする）。

$$T_{\mathrm{cr}}=\frac{W}{(L/D)_{\mathrm{cr}}} \tag{7.1}$$

航続距離 R〔m〕を飛行するために必要なエネルギーは，$T_{\mathrm{cr}}R$〔J〕である。いま，**バッテリーの重量エネルギー密度**（すなわち，バッテリー単位重量当りのエネルギー量）を ρ_{b}〔W·h/kg〕とすれば，バッテリー重量 $W_{\mathrm{b_cruise}}$〔kg〕は

$$W_{\mathrm{b_cruise}}〔\mathrm{kg}〕=\frac{1}{3.6\times10^{6}}\frac{1}{\rho_{\mathrm{b}}}\frac{1}{\eta}T_{\mathrm{cr}}R \tag{7.2}$$

と表される。ただし，η はバッテリーから電力を得て電動ファンが推力を生み出すに至る系全体の効率とする。

続いて，巡航時のつぎにエネルギー消費量が大きいと考えられる離陸上昇時についても同様に必要エネルギーの観点から検討してみる。離陸上昇時にバッテリーが使用するエネルギーを E_{climb}〔J〕，巡航高度を h〔m〕，巡航速度を V_{cruise}〔m/s〕，離陸上昇時に機体に働く抵抗によって失われるエネルギーを E_{drag}〔J〕とすれば

$$E_{\mathrm{climb}}\eta=E_{\mathrm{drag}}+\frac{1}{2}\frac{W}{g}V_{\mathrm{cruise}}{}^{2}+Wh \tag{7.3}$$

と表される。ここで，右辺第2項，第3項は，それぞれ上昇完了時における機体の運動エネルギーと位置エネルギーである。抵抗によって失われるエネルギー E_{drag} は，機体に働く抵抗 D がわかれば，上昇経路を経路角 γ が一定の直線と仮定して，飛行経路に沿った線積分を考えることで求められる。離陸上昇中の機体に働く抵抗 D は，有害抵抗と誘導抵抗に分解したうえで，経路角が

小さいと仮定したときに成立する $L=W$ の関係を用いることで求める。

以上の考えに基づいて E_{drag} は式 (7.4) から算出できる。

$$E_{drag}=\frac{1}{\gamma}\int_0^h Ddh=\frac{1}{\gamma}\int_0^h\left[\frac{1}{2}\rho(\mathrm{h})V_{climb}^2SC_{D0}+\frac{2KW^2}{V_{climb}^2S}\frac{1}{\rho(h)}\right]dh \tag{7.4}$$

ここに，$\rho(h)$ は高度 h における空気密度〔kg/m^3〕，V_{climb} は上昇速度〔m/s〕，S は主翼面積〔m^2〕，C_{D0} は有害抵抗係数，K は誘導抵抗係数（付録 A.3.2 項）である。$\rho(h)$ 以外は定数と置いて，$\rho(h)$ については空気密度–高度に関する標準大気表のデータを用いて数値積分することで，式 (7.4) を解けばよい。これらより離陸上昇時にバッテリーが使用するエネルギー E_{climb} が得られれば，巡航時と同様の方法で，離陸上昇に必要なバッテリー重量 W_{b_climb} を求めることができる。

以上より，巡航時と離陸上昇時のバッテリー重量の和 $W_{b_cruise}+W_{b_climb}$ を飛行に必要なバッテリー重量と考えて，検討を進める。簡単のために，降下，着陸と地上滑走に必要な電力は少ないとして無視した。

7.4.2　完全電動航空機に搭載されるバッテリーの性能について

前項で検討した飛行に必要なバッテリー重量を求めるためには，バッテリーの重量エネルギー密度 ρ_b の値を設定する必要がある。ここでは，完全電動航空機に搭載されるバッテリーの性能について，現状ならびに実現可能性のある将来のバッテリーについて簡単にまとめておく。

現在航空機用に実用化され Boeing 787 に搭載されている航空機用リチウムイオン電池の重量エネルギー密度は 78 W·h/kg である[13)]。新エネルギー・産業技術総合開発機構（NEDO）は，2030 年までに 500 W·h/kg の性能を有する革新型蓄電池の実現を目指している[14)]。また，文献 15）では，将来的に実現可能な数値としてリチウム–空気電池の 1 300 W·h/kg が挙げられている。そこで搭載されるバッテリーの性能として，500 W·h/kg から 1 300 W·h/kg の範囲の値を選んで，完全電動航空機の成立性を次項で検討する。

7.4.3　完全電動航空機の成立性検討のためのパラメトリックスタディ

前項までの検討を踏まえて，完全電動航空機として成立することが可能なバッテリー重量エネルギー密度を機体概念設計の手法（*4* 章）を活用して探ってみる。検討のベースとした機体は Boeing 737-700 型機である。ただし，I 部と同様に，最大離陸重量や翼面荷重の変化に伴って，C_{D0} のような空力特性の諸量は推算し直してある。与えた設計要求は，Boeing 737-700 型機と同一のペイロード，そして離陸距離（FAR25 take-off field length，6 000 ft）と着陸距離（FAR25 landing field length，6 000 ft）の 3 点である。上昇経路角は 6 deg，上昇速度 V_{climb} は離陸速度と巡航速度 V_{cruise} の平均値で一定とした。この推進系統の η は，8.2.1 項で検討する値を参考にして $\eta=0.92$ とした。

以上の設定のもとで，巡航高度を 30 000 ft，巡航マッハ数を 0.7 としたときに，バッテリー重量エネルギー密度として $\rho_b=500, 800, 1\,000, 1\,300$ W·h/kg，また航続距離として $R=800, 1\,200, 1\,600$ nm をパラメータとして変化させたときの，最大離陸重量 W_{TO} とバッテリー重量などを求めた。

パラメトリックスタディを行った結果を**図 7.3** に示す。なお，機体が成立する条件としてバッテリー重量と最大離陸重量の比が 50 %程度を下回ることと考えた。図中の数値（% 表記）は，この比の値を示す。一般の航空機では，*4.2* 節の例からわかるように，燃料重量と最大離陸重量の比は 35 ～ 40 %程度であり，50 %という数値は設計機体にとっては厳しい方向であるが，将来的

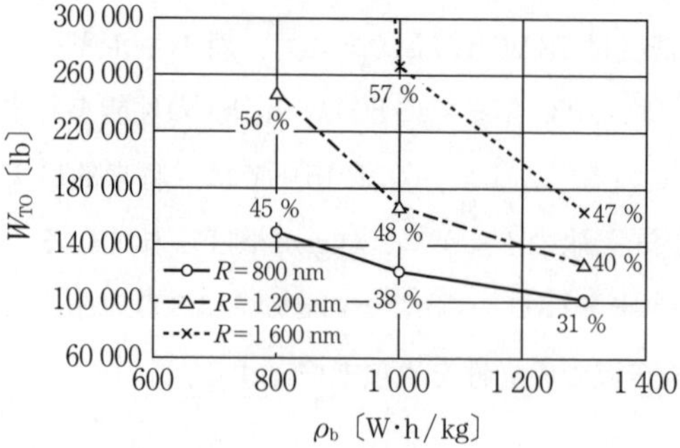

図 7.3　完全電動航空機の成立性検討のためのパラメトリックスタディ（数値は，最大離陸重量に対するバッテリー重量の比率）

に機体構造の軽量化が進展するという前提のもとで，この値を選定した。また，前述したように，完全電動航空機は飛行終了後の段階でも燃料消費による機体重量の減少は起こらず，このため，最大着陸重量（*4.1* 節）の制限にかかる可能性が高い。なお，今回の検討ではバッテリー重量エネルギー密度 ρ_b が 500 W·h/kg では，このバッテリー重量と最大離陸重量の比が 50 % 程度を下回るという条件を満たす点が存在しなかったため，図 7.3 に結果を描いていない。

図より，ρ_b の値が増大すれば W_{TO} は減少すること，航続距離 R が増大すれば W_{TO} は増大することが読み取れる。ところで，ベース機体の Boeing 737-700 型機の最大離陸重量 W_{TO} は 160 000 lb 程度であり，これと同程度の機体重量となることが Boeing 737-700 クラスの完全電動航空機としての現実的な成立要件であるとここでは考えてみる。図より，この条件を満たすのは，バッテリーの重量エネルギー密度 $\rho_b = 800$ W·h/kg，航続距離 $R = 800$ nm の機体，あるいは $\rho_b = 1\,000$ W·h/kg，$R = 1\,200$ nm の機体となる。Boeing 737-700 型機の航続距離が 3 000 nm 程度あること，また前項で述べたような現在のバッテリー性能を考えると，このような完全電動航空機を現在の旅客機と同等の航続距離を有する機体として近い将来に実現させて実用に供することは，困難であると判断される。

以上を踏まえて，8 章では，完全電動航空機ではなく，提案されているハイブリッド電動航空機の方式の中から一つのタイプを選択して，ハイブリッド電動航空機の概念設計を行っていく。

コーヒーブレイク

機　体　整　備

1 章のコーヒーブレイク「認証取得」において述べたように，耐空証明を取得した機体は，原則として年 1 回の検査が義務づけられている（これを**更新耐空証明検査**と呼ぶ）。検査を通過するためには，適切な整備が行われている必要がある。ここでは，この機体整備について述べる。

航空機の耐空性を維持するために必要な整備のプログラムをまとめた文書に **MRB**（Maintenance Review Board）Report がある[1]。これは，機体メーカー，そのメーカーの所在国の航空当局や主要なエアラインなどにより構成された委員会によって機種ごとに作成されたものである。この MRB Report をはじめとする一連の「**耐空性を継続するための指示書**」に従って，その機体を運航するエアラインは，各社ごとに整備規程を設定し，当局の認可を受けたうえで機体整備を行うことになる[1]。

ここでは，まず全日本空輸株式会社の例を基に，エアラインが行う機体整備についてまとめる[2]。同社では，整備格納庫での定期的な点検整備を行う**ドック整備**，各空港で到着から出発までの間に点検整備を行う**ライン整備**，エンジンの整備を行う**エンジン整備**，そして電気系統，油圧系統，空気圧系統などの装備品の整備を行う**装備品整備**の四つの整備部門が設けられている。このうちドック整備には，500 ～ 1 000 飛行時間ごと（おおよそ 2 ～ 4 か月に一度）に一晩で行う A 整備，4 000 ～ 6 000 飛行時間ごと（おおよそ 1 ～ 2 年に一度）に約 10 日間をかけて行う C 整備，約 6 年ごとに機体構造の点検と防蝕作業を行う HMV（heavy maintenance visit，いわゆる**重整備**）といった飛行時間に応じた 3 段階のドック整備が行われている。整備中の機体は飛行できないため，運休することなく日々の運航を続けるためには，エアラインは**予備機**を保有したうえで順次整備を行っていく必要がある（**図 1**）。

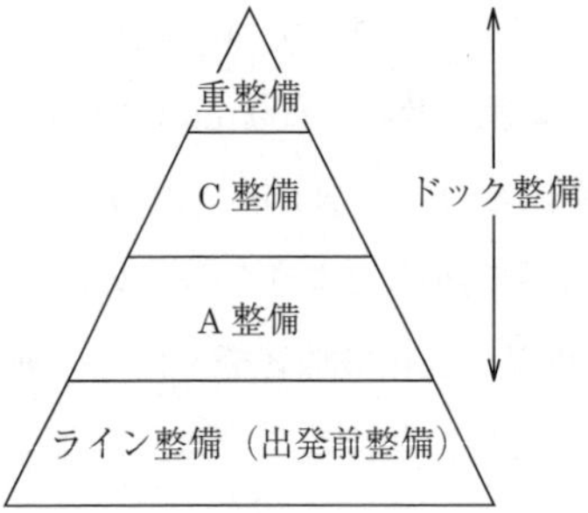

図 1 機体整備の流れ（名称は文献 2）に基づく）

他社の例として，長崎空港を拠点としておもに九州の離島路線を運航しているオリエンタルエアブリッジ株式会社（ORC）の例も見てみたい。同社は客席数 39 のボンバルディア社製 DHC-8-201 型（双発ターボプロップ機，略称 Q200）などを運航している。この Q200 の整備には，約 10 日ごとに行われる L 整備，約 3 週間ごとに行われる A 整備，そして約 32 か月ごとにおよそ 2 週間をかけて行われる C 整備（重整備）の 3 種類が実施されている[3]。

8 ハイブリッド電動航空機の概念設計法と設計例

本章では，ハイブリッド電動航空機の概念設計法ならびに概念設計結果の一例について，文献 1）の検討結果に基づいて紹介する。Boeing 737-700 クラスのハイブリッド電動航空機を設計対象とする。

8.1 ハイブリッド電動航空機の推進系統の考慮

概念設計法について述べる前に，これまでの航空機とまったく異なる推進系統を使用する今回の設計機体の推進系統について整理しておく。なお，本節の内容は，本章での機体概念設計を行うために構築した方法であり，文献 1）の検討当時の情報に基づいている。ハイブリッド電動化に関連する機器は大きな発展を遂げており，実際に概念設計される際には，今後の技術の発展を想定し，機体が開発される時期も見越したうえで，新たに推進系統のモデルを構築されることが望ましい。

8.1.1 推進方式の検討と選定

前章で述べたハイブリッド電動航空機の各種ある方式の中から，どの方式を選定すべきかについて，概念設計の最初の段階で検討する必要がある。ここでは，つぎに述べるような簡単な考察を行うことで推進方式を選択する。

まず，飛行に必要な推力を考えてみる。今回扱う機体の最大離陸重量が W_{TO}

=200 000 lb，巡航時の揚抗比が $L/D_{cr}=15$ 程度であるとする。巡航時には機体重量と揚力，推力と抵抗それぞれがほぼつり合っているので，巡航時の総推力 T_{cr} はおおよそ 200 000/15=13 000 lb となる。ジェットエンジンの巡航高度と巡航マッハ数におけるラプスレート（海面上静止推力との比（*11.1.3* 項））を 0.27 程度とすると，離陸に必要な総推力 T_{TO} は 13 000/0.27=48 000 lb となる。すなわち，双発機ではエンジン 1 基当りの離陸推力は 24 000 lb である。ところで，文献 2）で概念設計されたハイブリッド推進航空機 SUGAR Volt は，Boeing 737 に代わる将来型航空機と位置づけられており，機体規模や航続距離も Boeing 737 と同等である。この機体で想定しているエンジンは，パラレル-ハイブリッド型タイプ A（図 7.2（b））に相当する。このエンジンの静止推力は，文献 2）では 25 500 lb とされているので，このエンジンならば，いま考えている機体の離陸推力を電動ファンのみでまかなえる可能性がある。しかし，このエンジンは，超電導モータなどの使用を想定した高性能な推進機関であるので，実現のためには高度な技術の蓄積と長期にわたる開発期間が必要と予想される。そこで本章では，この推進方式ではなく，以下に述べる検討結果に基づいて，離陸時は電動ファンとターボファンエンジンを併用し，離陸時の電動ファンの推力不足をターボファンエンジンの推力で補うとし，巡航時はターボファンエンジンの軸出力を用いて発電された電力によって駆動される電動ファンで推進する方式を選択することとした。

従来のターボファンエンジンを用いた推進に比べたハイブリッド電動化の利点を考えてみる。利点としてつぎの 2 点が挙げられる。

① 従来の方式では，ターボファンエンジンの推力でのみ離陸上昇するが，ハイブリッド電動推進ではバッテリーから得た電力で駆動する電動ファンも離陸上昇時に併用することができる。このため，ハイブリッド電気推進の活用によって，離陸上昇中のターボファンエンジンへの負荷を軽減することができ，離陸上昇中も巡航中もターボファンエンジンを設計点に近い回転数で作動させることができるために，巡航中の効率の向上があり得る。

② ここで，ターボファンエンジンの本来の使い方である高速な気流をエン

ジン後方へ噴出することで推力を得ることを，以降では「**ターボファンエンジンとしての推力**」を得ると書くことにする。離陸時に「ターボファンエンジンとしての推力」を得ると同時に，もしエンジンの軸出力を専用の発電機に伝えることで発電を行い，電動ファンによる推力も併用することができれば，従来のエンジンに比べて見かけ上のバイパス比を向上させることができ，推進機関全体としての推進効率が向上することにつながると考えられる。

すなわち，電動モータや電動ファンの効率の値次第ではあるものの，巡航状態を設計点としたターボファンエンジンを活用することで，従来からのターボファンエンジンのみを使用した推進方式よりも，効率の良い飛行を行える可能性がある。なお，このような考えで設計された推進系では，前述したように，離陸時に必要な推力が不足することもあり得るので，その場合は機体に搭載した離陸補助用バッテリーを用いて電動ファン駆動のための電力を補うものとする。ただし，7.4 節で述べたようにバッテリーの重量エネルギー密度が低いこともあり，このバッテリーを巡航時にも用いることで燃費改善につながるとは現時点では考えにくい。

8.1.2　本章で概念設計する機体の推進方式の設定

以上のことから，本章の設計機体のハイブリッド電動航空機の運用形態としては，つぎに述べるように設定するとともに，異なる利用条件の下で推進機関の各種性能や諸元を見積もったうえで，ターボファンエンジンの性能諸元を決定することとした。

ターボファンエンジンは，巡航時を設計点とし，巡航中はエンジンの軸出力を利用した発電のみを行い，電動ファンを用いて推進する。機体が有するエネルギー源の大部分を使用する巡航時に合わせて電動ファンも最適化することで，巡航時の効率化を図る。また，ターボファンエンジンについても，巡航時をエンジンの熱効率が最大となる設計点とする。なお，前述のように巡航時の電動ファン駆動のためにバッテリーを使用することは，機体重量の増大を招くので，巡航中にバッテリーは利用しない。

一方，離陸時には，巡航状態で設計された電動ファンのみでは離陸推力が不足すると考えられるので，「ターボファンエンジンとしての推力」も離陸時に併用する。離陸上昇時の電動ファンの駆動に当たって，ターボファンエンジンによる発電で得られた電力のみでは，離陸上昇に必要な電力が不足する場合は，機体に搭載されたバッテリーからの電力も用いる。これらの設定のもとで，離陸時の電動ファンとターボファンエンジンの推力負担割合や電動ファン駆動のための発電とバッテリーの電力量負担割合を検討する。

以上の推進方式を図に整理すると**図 8.1** のようになる。この方式を 7.3 節で述べた分類に当てはめると，シリーズ-ハイブリッド型タイプ B（図 7.2（e））を推進方式として選択したことになる。なお，ターボファンエンジンに発電機を組み込むことで，①「ターボファンエンジンとしての推力」と発電機からの電力の両者を得る作動状態（離陸上昇時）と②「ターボファンエンジンとしての推力」を用いず，発電機からの電力のみを得る作動状態（巡航時）の二つの状態を必要に応じて切り替えられるということが，ここでの検討の前提である。

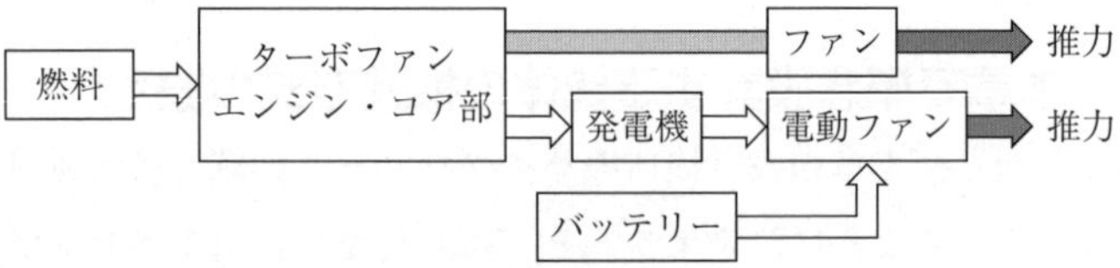

（a）　離陸上昇時

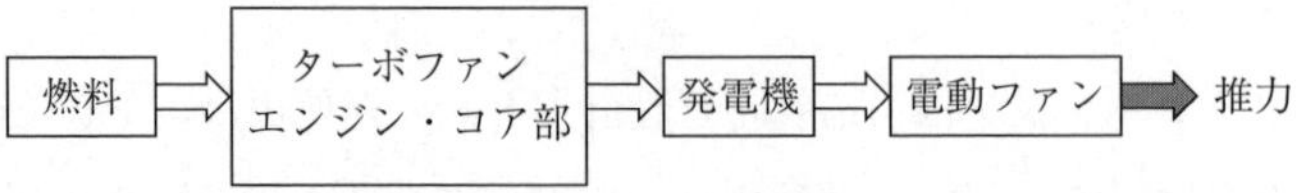

（b）　巡航時

図 8.1　本章で概念設計する機体のハイブリッド電動化方式

繰り返しになるが，7 章や本節の前半で解説したさまざまな方式のどれが有利であるかの詳細な検討を行うためには，今後性能の進化が著しいと考えられる電動ファン，バッテリー，パワーマネージメント機器，ならびにその他のハイブリッド電動化に必要な機器ごとの効率などの情報を基にして設計時に総合的に判断する必要がある。

8.2 ハイブリッド電動航空機の概念設計法

7章でも述べたように，電動航空機の概念設計法はいまだ確立していない。電動ファンとターボファンエンジンを併用して飛行するといった従来とは異なる推進方式の機体の場合には，I部で用いた概念設計法はそのままでは適用できない。本節では，従来用いてきた概念設計法をどのように変更すればよいかの考え方を文献1）に基づいて説明する。

なお，ハイブリッド電動航空機の概念設計を行うためには，推進系統の各種効率や，これらの重量と寸法も推算できるモデルを構築することが必要である。そこで，実際に概念設計法を紹介するのに先立って，今回の設計機体を例にとって，これらの点に関してまず説明する。なお，8.3節の末尾でも述べるが，以下で構築する各種モデルについては，厳密な検証を行っていないことをあらかじめ述べておく。

8.2.1 ハイブリッド電動航空機の推進系統の各種効率

ターボファンエンジンと電動ファンを組み合わせた推進系統では，生み出されたエネルギー（推力）を伝達する際に，その伝達経路ごとにさまざまな損失がある。これを見積もるために，**図8.2**に示す推進系統内の伝達経路ごとに効率を設定する必要がある。すなわち，ターボファンエンジン側ではガスタービンとしての**熱効率** η_{therm}，ガスタービンに直結する発電機の**発電効率** η_{gen} であり，電動ファン側ではバッテリーからモータに至る間の**パワーマネージメント系統の効率** η_{trans}，**電動モータ効率** η_{m}，そして**電動ファンの推進効率** η_{f} である。本章の設計機体では，各効率を**表8.1**のように想定することにした。

前述したように，ターボファンエンジンのコアとなるガスタービンの熱効率は設計点と非設計点で異なる値を設定する。ここでは，設計点（本章の検討で

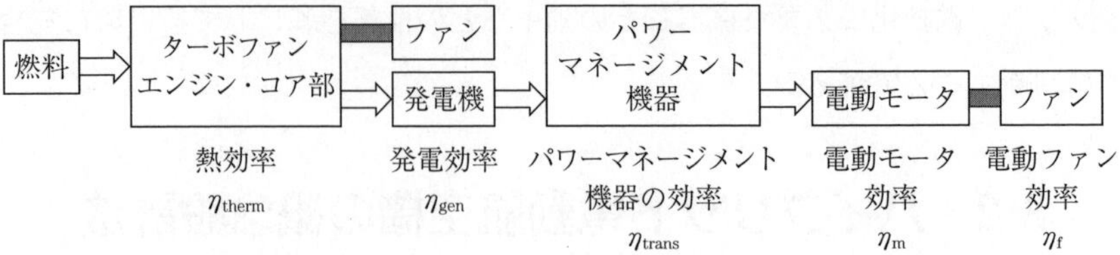

図 8.2　推進系統内の伝達経路ごとに考慮すべき効率

表 8.1　設計機体で想定したハイブリッド電動化に関する各種効率

ガスタービン熱効率 η_{therm}	設計点：0.5 非設計点：0.4
ガスタービン発電効率 η_{gen}	0.95
パワーマネージメント系統の効率 η_{trans}	0.98
電動モータ効率 η_m	0.95
電動ファン効率 η_f	0.85

は 8.1 節で述べたように巡航時）では 50 %，非設計点（離陸上昇時）では 40 %と設定する。ガスタービンに直結する発電機の発電効率 η_{gen} と電動ファンに使われるモータ効率 η_m については，出力が大型のものとして η_{gen} と η_m 共に 95 %程度の高効率を実現できるとする。パワーマネージメント系統の効率 η_{trans} は 98 %，電動ファンの推進効率 η_f は 85 %と設定する。

ところで，ターボファンエンジン単独で用いられる場合の全体効率 η_O は熱効率 η_{therm} と推進効率 η_{prop} の積に等しいが，ここでは η_O は 33 %と設定する。

8.2.2　ハイブリッド電動航空機の推進系統の重量と寸法の推算

本章で考えるハイブリッド電動航空機では，電動ファンと発電用ガスタービンを兼ねるターボファンエンジンの両者を用いるので，推進系統の重量推算にはこれまでの方法（*9.1.2*〔*6*〕項，*11.1* 節）をそのまま用いることはできない。そこで，ターボファンエンジン，電動ファンとモータ，そしてハイブリッド電動化に関連するその他の重量の 3 項に分けて重量を考える。また，機体三面図を描くためには電動ファン（ナセルを含む）の寸法も必要となるので，その点についても検討する。

〔1〕　ターボファンエンジンの重量

発電用ガスタービンを兼ねるターボファンエンジンの重量であるが，エンジン補器なども含めた推進系統全体の重量推算法として，エンジン単体の重量に比例係数を掛けた式（式(*9.10*)，(*9.11*)）が示されている。今回は，発電用ガスタービンも兼ねたターボファンエンジンであるため，発電量も考慮した最大出力の下で，これらの式から推算される値を用いることとし，これには発電機の重量も含まれている。

〔2〕　電動ファンの重量

電動ファンに関しては，電動ファン本体と補器類の重量を考える。まず電動ファン本体の重量であるが，航空機用の電動ファンが存在しないため，電動ファン全体の重量 $W_{\mathrm{propulsor}}$ をモータ，ファンとパワーマネージメント機器類の三つに分解し，それぞれの重量を推算することとする。

$$W_{\mathrm{propulsor}} = W_{\mathrm{motor}} + W_{\mathrm{fan}} + W_{\mathrm{power_manage}} \tag{8.1}$$

モータ重量 W_{motor}〔lb〕については，産業用の汎用モータ[3),4)]では重量が大きすぎるため，軽量化が進められている電気自動車（EV）用モータのデータ[5)]を参考にしてモデル化を行った。EV 用の将来型モータを検討している文献 5）に基づいて，出力 125 kW の電動ファン用モータの重量出力密度を 3 kW/kg と想定した。汎用モータのデータ[3),4)]から汎用モータ出力と重量の統計的関係データを得るとともに，上述した 125 kW 電動ファン用モータと汎用モータの重量比が 0.07 程度と想定できるので，これらを用いて式(8.2)の推算式を得た。

$$W_{\mathrm{motor}} = 1.287 \times P_{\mathrm{out}}^{\ 0.837} \tag{8.2}$$

ここに，P_{out}〔HP〕はモータの軸馬力であり，機速 V〔m/s〕と必要推力 T〔lbf〕を用いて

$$P_{\mathrm{out}} = T \times V / 2.205 / 75 / \eta_{\mathrm{f}} \tag{8.3}$$

より求められる。ただし，η_{f} は，前項で述べた電動ファン効率である。

電動ファン重量 W_{fan}〔lb〕については，文献 6）にターボファンエンジンの推力 T_{TF}〔lb〕とエンジン重量 W_{TF}〔lb〕の間の関係式が示されている。また，

ファンは全推力のうち約80％を受け持ち，ファンフレームや支持部を含むファン重量はエンジン全体の約30％であるとされている。電動ファンはコア推力を持たないターボファンエンジンとみなせるので，これらの情報を基にして，電動ファンに関して式(8.4)の関係式を用いることとした。

$$W_{\mathrm{fan}}=0.136\times(T/0.8)^{0.911} \tag{8.4}$$

パワーマネージメント機器類の重量 $W_{\mathrm{power_manage}}$〔lb〕については，詳細なデータを得られなかったため，インバータの重量をパワーマネージメント機器類の重量として代表させることとした。前述した電動ファン用モータと汎用モータの重量比の値を参考にして，ここで考えているインバータと汎用インバータとの重量比を0.1に想定するとともに，汎用インバータのデータ[7),8)]から出力と重量の統計的関係データを得ることで，航空機用インバータの重量に関して，式(8.5)の関係式を得た。

$$W_{\mathrm{power_manage}}=0.231\times(P_{\mathrm{out}}/\eta_{\mathrm{m}})^{0.839}+0.05\,W_{\mathrm{fan}} \tag{8.5}$$

ここに，η_{m} は前項で述べた電動モータの効率である。右辺第2項は，パワーマネージメント機器関係で細かい情報不足に伴う見積り誤差を補うために，推測の域を出ないものの，補正項として加えた項である。

〔3〕　その他の重量

ハイブリッド電動化に関連するその他の重量として，電動ファン，ガスタービンならびにバッテリー間の配線やバッテリー取付け部位などの重量がある。文献2)，p.84によると重量20 900 lbのバッテリーを搭載するSUGAR Voltでは，電気配線とバッテリー取付けに6 000 lbの重量を見込んでいる。これを参考にして，本章で行う概念設計でも，その他の重量 W_{others}〔lb〕に，電気配線として1 000 lb，バッテリー取付けとしてSUGAR Voltの場合を5 000 lbとしたときのバッテリー重量 W_{battery} に比例した重量増を加算することとした。

$$W_{\mathrm{others}}=1\,000+5\,000\times W_{\mathrm{battery}}/20\,900 \tag{8.6}$$

さらに，ターボファンエンジンと電動ファン共に，ナセル重量に関しては*9.1.2*〔*4*〕項に基づいて推算する。

〔4〕 **推進系統の寸法**

電動ファンでは，通常のターボファンエンジンとは異なりコア推力がないため，同じ推力を生み出すターボファンエンジンに比べてファンの直径が増大すると考えられる。そこで，コア推力のないターボファンに相当するとして電動ファンを考えることで，前記〔2〕項の記述に基づき，推力を1/0.8倍に増大させたターボファンエンジンと同じ直径になるとした。このターボファンエンジンの直径は，*11.1.1*項に記載の寸法モデルを用いて求める。また，電動ファン全体の長さについても同じく*11.1.1*項に記載の寸法モデルと同等として見積もる。

8.2.3　概念設計手法

これまでの航空機概念設計では，第1次サイジング（*4*章）を行ったあとに第2次サイジング（*13*章）を行った。第1次サイジングでは，最初に最大離陸重量 W_{TO} と運用空虚重量 W_{OE} 間の統計的関係を用いて，W_{TO} の初期値を求めていた。しかし，W_{OE} には推進装置の重量も含まれており，今回のような新しい推進装置を用いた航空機に関する統計データは存在しない。このため，これまでと同じ方法で第1次サイジングを行うことはできない。

そこで，以下のような流れで第2次サイジング（*13*章）の方法と同様にカーペットプロットを活用したサイジングを複数回行う（**図8.3**のサイジングの流れ図を参照）。なお，これまでのカーペットプロットでは最大離陸重量の最小化を目指していたが，今回の機体では環境適合性に重点が置かれているので，燃料重量 W_F の最小化を目指すこととし，カーペットプロットの縦軸も W_F とする。ハイブリッド電動航空機に関するサイジング作業で一番重要となるのが推進系統に関する点であり，この点を考慮に入れたサイジング手法を以下で詳しく述べる。

最初に，今回のBoeing 737-700クラスの機体設計の場合，機体形状も既存機とほぼ同等であると考える。空力特性などでは，従来型のジェットエンジン機体の概念設計の経験から推定される粗い見積り数値をまずは用いて，以下で

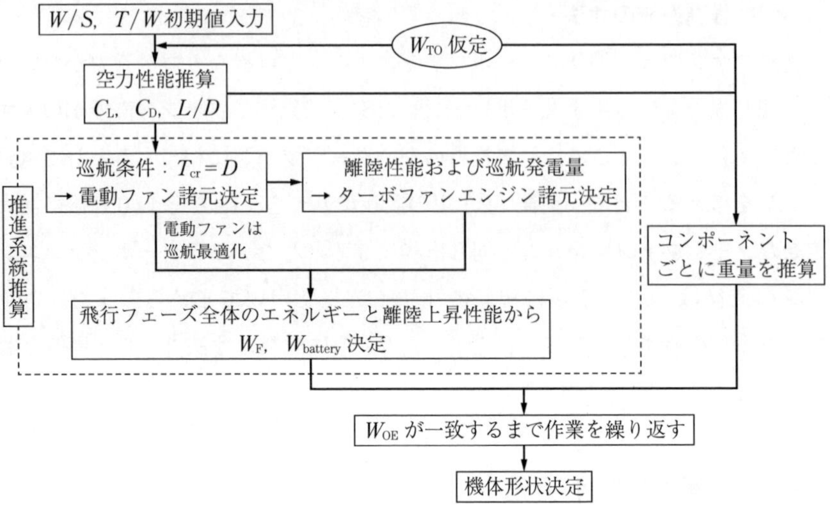

図 8.3　サイジングの流れ図

述べるハイブリッド電動化を考慮に入れたカーペットプロット描画作業を行い，初期設計点を決める（このとき，最大離陸重量の初期値も求まる）。初期設計点は第 1 次サイジング（*4* 章）の結果に相当するので，これが決まれば初期機体三面図を描くことができる。

つぎに，より詳細な空力特性推算（*10* 章）などを行いながら，再度ハイブリッド電動化を考慮に入れたカーペットプロット描画作業を行い，設計点ならびに機体形状を決定する。

ハイブリッド電動化を考慮に入れたカーペットプロット描画作業の手順はつぎのとおりである。ここでは，8.1.2 項で述べた考え方に従って，離陸時と巡航時に必要とされる発電容量を見積もっていく。以下では各種の推力を用いるので，それらの関係を**図 8.4** にまとめておく（以降で用いる ①～⑧ は，図 8.4 中の数字と対応している）。

（1）　1 回目のカーペットプロット開始時には，最大離陸重量 W_{TO} を仮定する。2 回目のカーペットプロットでは，1 回目で求まった値を用いて開始する。

（2）　離陸上昇に必要なエネルギー E_{climb} は 7.4.1 項と同様に，抵抗によっ

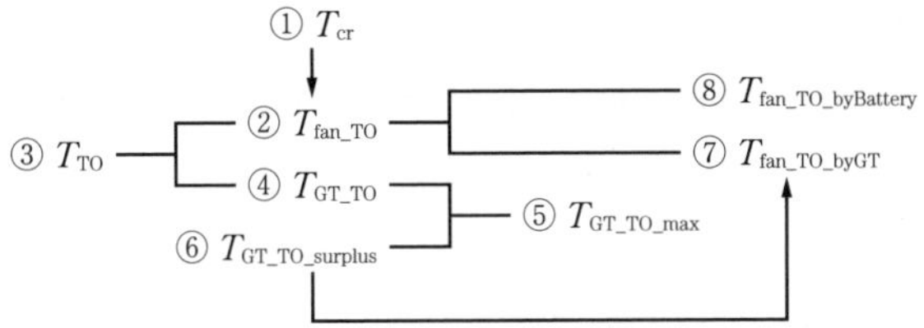

図 8.4　ターボファンエンジンと電動ファンの推力分担割合決定の流れ

て失われるエネルギー，機体の位置エネルギーおよび運動エネルギーの和に等しいと考えて算出する。

（3）　巡航条件からの電動ファン諸元の決定

—7.4 節と同様に巡航揚抗比 L/D_{cr} から巡航推力 T_{cr}（①）を求める。巡航中はターボファンエンジンで発電した電力によって駆動される電動ファンで推進するが，この巡航時を電動ファンの最大推力設計点とする。8.2.2 項で構築した電動ファンモデルを用いて電動ファンの諸元（ファン径や重量など）を算出する。

—これより離陸時に電動ファンから得られる推力 T_{fan_TO}（②）を巡航高度との違い（具体的には，空気密度の変化）を考えて推定する。

—W_{TO} とカーペットプロット描画中の入力値である T/W を用いて，離陸に必要な推力 T_{TO}（③）を算出する。

—離陸に必要な推力 T_{TO} から上記で求めた離陸時の電動ファンの推力 T_{fan_TO} を差し引き，これを離陸に用いられる「ターボファンエンジンとしての推力」T_{GT_TO}（④）とする。

—これより離陸時の電動ファンによる推力 T_{fan_TO} と「ターボファンエンジンとしての推力」T_{GT_TO} の分担割合がわかるので，（2）で得られた離陸上昇に必要なエネルギー量 E_{climb} を電動ファンとターボファンエンジンの両者に配分する。

（4）　離陸性能と巡航時発電量からのターボファンエンジン諸元の決定

—巡航に必要とされるエネルギー E_{cr} は，巡航推力 T_{cr} と航続距離 R の積に等しいと置いて求める（$E_{cr}=T_{cr}\times R$）。この仕事に相当するエネルギー量を巡航中にターボファンエンジンが発電するとして，巡航に必要なターボファンエンジンの発電能力を推算する。これより，巡航中にこの発電能力を有するターボファンエンジンが発生できる離陸時最大推力 $T_{GT_TO_max}$（発電機を動作させない場合の「ターボファンエンジンとしての（最大）推力」，⑤）を推定する。具体的には，巡航時の推力と速度から単位時間当りの巡航に必要エネルギーを算出し，電動ファンに電力として供給した場合の全体効率（37.6 %）で割ることにより，「燃料としての入力エネルギー」を算出する。つぎに，ターボファンとして用いた場合の全体効率（8.2.1 項で述べたとおり η_O は 33 % と仮定）を使って，この「燃料としての入力エネルギー」によって巡航高度において得られる「ターボファンエンジンとしての推力」を推定する。最後に，巡航高度や速度の違いを考えて離陸時の推力を推定する。これが $T_{GT_TO_max}$ になる。なお，電動ファンに電力として供給した場合の全体効率とは，表 8.1 の電動関連の各種効率，発電効率と熱効率（巡航時なので設計点の値）をすべて掛け合わせた値である。

—この得られた $T_{GT_TO_max}$ から，（3）ですでに求めた実際に離陸に使用される推力 T_{GT_TO} を差し引き，余剰推力 $T_{GT_TO_surplus}$（⑥）を求める。この余剰推力がターボファンエンジンによる発電に用いられるとして，その発電された電力を電動ファンに供給することとする。これより，余剰推力 $T_{GT_TO_surplus}$ に相当するエネルギーを用いて，電動ファンを駆動した場合に得られる電動ファンからの推力 $T_{fan_TO_byGT}$（⑦，すなわちターボファンエンジンによる発電由来の推力）を推定する。具体的には，$T_{GT_TO_surplus}$ にターボファンとして用いた場合の全体効率（ここでは，上述のとおり η_O は 33 % と仮定）と電動ファンに電力として供給した場合の全体効率の比率を掛け合わせることで，電動ファンでのターボファンエンジンによる発電由来の推力 $T_{fan_TO_byGT}$（⑦）を求める。なお，電動ファンに電力として供給した場合の全体効率とは，表 8.1 の電動関連の各種効率，発電効率と熱効率（ただし，離陸時なので非設計点の値）をすべて掛け合わせた値である。

—（3）ですでに求めた離陸時の電動ファンの推力（T_{fan_TO}）の発生に必要とされる電力のうち，ターボファンエンジン由来の推力 $T_{fan_TO_byGT}$ で不足する分をバッテリーで補うと考え，これを $T_{fan_TO_byBattery}$（⑧）とする。これよりバッテリーとターボファンエンジンのエネルギーの分担割合を求める。

（5）（4）の結果から離陸上昇時にバッテリーが負担する電力量がわかるので，これを用いてバッテリー重量 $W_{battery}$ を求める。

（6） 7.4節と同様な考えに従い，8.2.1項で述べたターボファンエンジンや電動ファンなどの各種効率とジェット燃料のエネルギー密度（42.8 MJ/kgとした）の値を用いて，飛行に必要な燃料消費量を推算する。空中待機や代替空港への飛行も同様に考えることで燃料重量 W_F を求める。

（7） 以上の作業で燃料重量 W_F とバッテリー重量 $W_{battery}$ が求まる。それ以外の重量については，前著のとおり機体の各コンポーネントごとの重量を統計データに基づいて推算し，推進系統の重量も8.2.2項で述べた重量モデルを用いて求め，それらを足し合わせることで運用空虚重量 W_{OE} の値を得る。一方，最初に仮定した最大離陸重量 W_{TO} からペイロード重量，燃料重量 W_F とバッテリー重量 $W_{battery}$ を差し引くことで，別途運用空虚重量 W_{OE} を求める。両者の W_{OE} が一致するまで W_{TO} について繰り返し計算を行う。

（8） これらの流れで2回にわたるカーペットプロット描画作業を行ったあとに，得られた機体諸元に基づいて，修正機体三面図を作成する。

以上の手法により，推進系統の各諸元が決定されたわけであるが，ここで用いた方法は，エネルギーの流れを考えることに特化した簡易的な検討である。例えば，推進機関の回転数の変化により発電量は変化するわけであり，このようなさまざまな要因も考慮に入れた検討が本来は必要である。

8.3 概念設計例

これまで述べてきた概念設計法に基づいてBoeing 737-700クラスのハイブリッド電動航空機の概念設計を行った。ハイブリッド電動航空機の形態としては，ターボファンエンジンと電動ファンを2基ずつ装備し，離陸上昇時はターボファンエンジンと電動ファンを共用する。巡航時は，ターボファンエンジンは発電機として用い，その電力を用いて電動ファンのみで飛行する「シリーズ-ハイブリッド型タイプB」を採用する。**表8.2**にBoeing 737-700型機を参考にして定めた設計要求を示す。なお，使用するバッテリーの重量エネルギー密度は，7章の検討結果を参考にして ρ_b =500 W·h/kgとした。また，機体形態としては，主翼は低翼配置，エンジンは主翼下方取付け，水平尾翼は低翼配置，主脚は前輪配置といった，エンジン数以外はBoeing 737型機と同一の一般的な機体形態とする。

表8.2　設計要求

乗　客	126
航続距離〔nm〕	3 000
巡航速度	M0.8
巡航高度〔ft〕	38 000
FAR25 離陸距離（TOFL）〔ft〕	5 500
FAR25 着陸距離（LFL）〔ft〕	5 000

電動ファンとターボファンエンジンの運用の方法について，8.1.2項や8.2.3項で述べたように，ターボファンエンジンの設計点を巡航条件に合わせ，離陸時はターボファンエンジンを「ターボファンエンジンとしての推力」（8.1.1項）の発生源としても用いることで，ターボファンエンジンに直結された発電機からの電力によって駆動される電動ファンの推力不足を補うとともに，離陸時はバッテリーからの電力も併用するとしてサイジングを行った。

燃料重量最小化を目的として描いたカーペットプロットの結果に基づいて，設計点として W/S=110，T/W=0.303を選択した。この値を用いてI部と同様な設計（尾翼容積の考えを用いた水平尾翼と垂直尾翼の形状と配置の検討を含む）を行って，機体三面図を描き，機体諸元を決定した。なお，胴体長以外の胴体諸元については，ベースライン機のBoeing 737-700と同一とした。

胴体長については後述のバッテリー収納の関連で延長した。主翼アスペクト比は，巡航性能の向上を目指して $AR=12$ とした。描かれた機体三面図を基にして細部を見直したあとに，最終的に得られた設計結果についての代表的な機体諸元を**表 8.3** に，機体重量データを**表 8.4** に，そして機体三面図に基づいて作画した機体の鳥瞰図を**図 8.5** に示す。

表 8.3　設計機体の主要諸元

主　翼	面積〔ft^2〕	1 700
	スパン長〔ft〕	143
	アスペクト比	12
	テーパー比	0.22
	後退角〔deg〕	24.0
胴　体	全長〔ft〕	112
	最大幅〔ft〕	12.6
水平尾翼	面積〔ft^2〕	410
垂直尾翼	面積〔ft^2〕	310
	翼面荷重 (W/S)〔lb/ft^2〕	110
	推力重量比 (T/W)	0.303

表 8.4　設計機体重量データ（単位〔lb〕）

構造重量	主　翼	22 500	
	尾　翼	2 650	
	胴　体	14 700	
	脚	7 350	
	電動ファン	17 700	
	ガスタービン	10 200	
	その他	20 600	
空虚重量			95 800
	運航に必要な装備品類	4 770	
	乗　員	1 640	
運用空虚重量			102 000
	ペイロード	25 800	
	バッテリー（500 kW･h/kg）	15 800	
	燃　料	43 800	
最大離陸重量			187 000

図 8.5　設計機体の鳥瞰図

主翼位置やエンジン取付け位置を決定するに際して注意した点として，つぎの2点が挙げられる。まず，電動ファンがターボファンエンジンよりも大型になるので，電動ファンは主翼内翼側に，ターボファンエンジンは外翼側に取り付けた。つぎに，バッテリーに関しては，空港での滞在時間を少なくするために，フライトごとに充電するのではなく，バッテリーパックを取り替える方式をとることを考えた。これを可能にするためには，バッテリーへのアクセスを容易にする必要があり，胴体下部にバッテリーを設置することとした。文献8）によると，重量エネルギー密度1 300 W·h/kgの**バッテリーの体積エネルギー密度**は1 520 W·h/litterとの記載があるので，本機体で使用する500 W·h/kgのバッテリーでも体積エネルギー密度がそれに等しいと考えてバッテリーの体積を求めた。このバッテリーを胴体下部の貨物室部分に収納する。文献9）記載のBoeing 737-700の前方貨物室の容積と長さのデータを参考にして概算すると，Boeing 737-700と同等の貨物室容積を確保するためには，胴体を8 ft延長する必要があるとされた。この胴体延長の結果，重心位置が既存機体よりも若干前方に位置することになり，主翼取付け位置は，Boeing 737-700と比較して前方に位置することとなった。

設計機体のエネルギー消費の流れを**図 8.6**に示す。巡航時と離陸上昇時では推進機の使用方法が異なるので，それぞれの運用点ごとに結果を示す。図にはエネルギーの総量と単位時間当りのエネルギーの使用量（ただし，後者は巡航

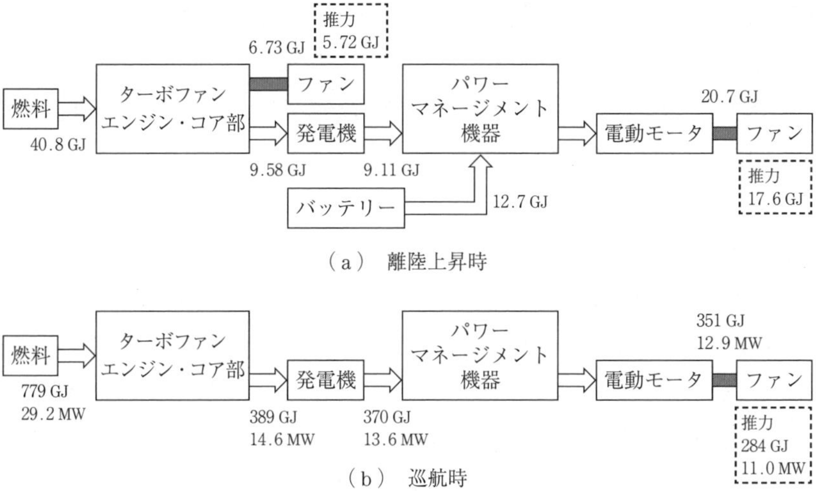

（a）　離陸上昇時

（b）　巡航時

図 8.6　設計機体のエネルギー消費の流れ

時のみ）を記した。前述のように，離陸上昇時は，発電機からの電力とバッテリーからの電力の両者を用いて電動ファンを駆動している。8.2.3 項で述べた方法で推算を行った結果，離陸上昇時の推力分担比率は電動ファン 75 %，ターボファンエンジン 25 %となり，電力の割合はバッテリー由来 58 %，ターボファンエンジンによる発電由来 42 %となった。

最後に，今回と同じ設計要求を用いて，ターボファンエンジン 2 基を装備した通常型ジェット旅客機（Boeing 737-700 型機相当）の概念設計を行ってみたところ，燃料重量は約 46 000 lb となった。今回のハイブリッド電動化された機体は表 8.4 のとおり燃料重量は約 43 800 lb であったので，従来型機と比較して 2 200 lb 程度の燃料削減（約 5 %の燃料削減率）が得られた。

なお，本章の目的は，あくまでもハイブリッド電動航空機の概念設計法の一例を紹介することであり，ターボファンエンジンと電動ファンの最適な活用方法や，使用した各種モデルの検証が行われていないことに注意していただきたい。今回用いた効率などの各数値は，厳密な検討によって求められたものではなく，楽観的な数値を用いていた可能性も否定できない。さらには，今回のようなハイブリッド電動化を採用することによって，ターボファンエンジン単独での推進に比べて，推進機構内でのエネルギー伝達ロスの増大や機器類の重量の増大があり得るため，ハイブリッド電動化が燃費削減にどの程度効果があるかは，現時点では必ずしも明確ではない。また，パワーエレクトロニクス機器からは相当な発熱があり，これを冷却するために熱交換することになるが，その際の空気抵抗の増加も考えられる[10]。なお今回は，主翼のアスペクト比を既存機よりも高い値である 12 に選定したため，アスペクト比増大による空力特性向上が上述の燃料削減率 5 %という結果に影響していることも念のために述べておく。一方で，従来はターボファンエンジンとして機体上の 1 か所に集中していた推進機関が，ハイブリッド電動化により，動力源や軸出力発生部位，ならびに推進力発生部位を機体上に分散して配置することが可能になる[11]。このような機体上への各部位の配置に関する自由度の増大が，航空機としての性能向上（燃費改善）につながる可能性を持っているとも考えられる。今後のハイブリッド電動航空機の技術進歩が期待されている一つの所以である。

コーヒーブレイク

ICAO 騒音規制

航空機が発生する騒音は段階的に規制されてきている。国際民間航空機関（ICAO）は，国際民間航空条約（シカゴ条約）の附属書の中で，亜音速ジェット航空機の騒音基準を 1971 年に制定したのち，1976 年には Chapter 3 として基準を強化した。さらに 2001 年には，**Chapter 4** へと規制が進んだ[1]。

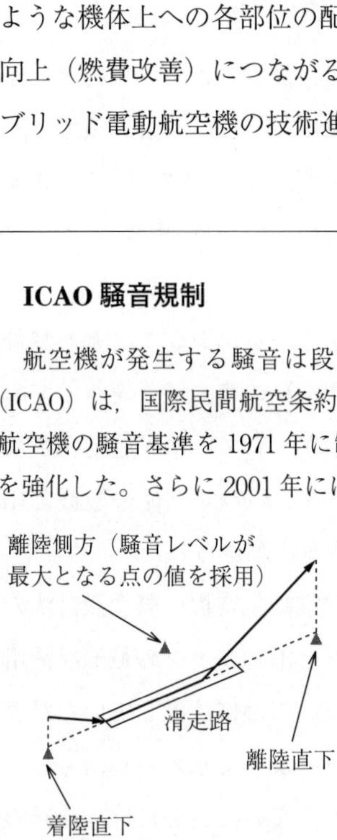

図 1　ICAO 規制での騒音観測点

航空機の騒音は滑走路周辺の 3 地点で計測される（**図 1**）。すなわち，離陸直下，着陸直下，そして離陸側方（騒音レベルが最大となる地点の値を採用）の 3 地点であり，Chapter 4 ではこれら 3 地点での累積された騒音値について，機体の最大離陸重量を基にした騒音規制値として定められている。

2013 年に ICAO の航空環境保全委員会（CAEP）において，Chapter 4 をさらに強化することが合意され，最大離陸重量の違いによって2017年末から2020年末にかけて適用が開始されている[2)]。

図2（文献3）に基づいて作成）に亜音速ジェット航空機に対するICAO騒音規制値の年代ごとの変遷の様子を示す。初期のジェット機の時代に比べると，20 dB以上の騒音低減が達成されていることがわかる。

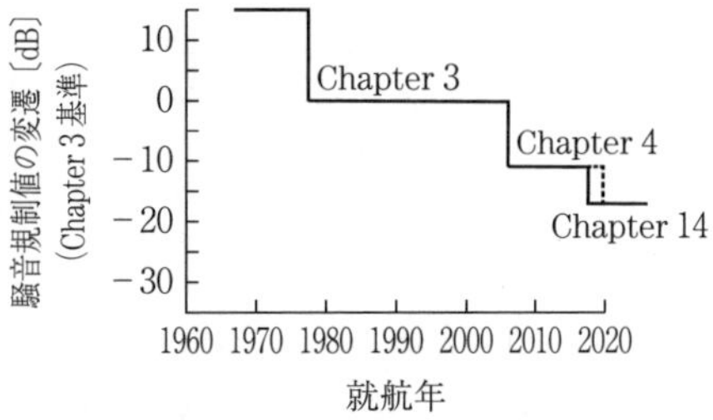

図2 ICAO騒音規制値の変遷

航空機の騒音源の多くはエンジン騒音であるが，初期のターボジェットエンジンがターボファンエンジンに置き換わることで騒音は低減し，その後はエンジンの高バイパス比化や吸音ライナーの装着などによって，さらなる騒音低減が実現されてきた。近年ではBoeing 787などのエンジンに見られるように，排気口を波形にすることでファン騒音を低減した**シェブロンノズル**といった低騒音化デバイスも実用化されている。

離着陸時に発生する騒音の音源を整理してみると，離陸時はエンジン騒音がメインであるのに対して，着陸時は，機体騒音がエンジン騒音と同程度の騒音レベルとなる[3)]。これは，着陸時にはエンジン推力が絞られているためである。機体の騒音源には，主翼の前縁スラットや後縁フラップならびに降着装置（前脚，主脚共に）から発生する風切り音がある。フラップや脚に風切り音の発生を防ぐデバイスを装着することで，機体騒音の発生を低減させる研究がJAXAにおいて行われている[4)]。このほかに，エンジン騒音が地上に届かないように遮蔽する構想もある。*15.3.1*項で述べたように，エンジンを胴体上に設置して，胴体と尾翼によってエンジンからの騒音を遮蔽し，離着陸時の騒音低減を目指すという考えである。

Ⅲ　部

航空機システムの考慮

航空機の飛行に当たって，操縦に必要な計器類，操縦舵面を動かす油圧アクチュエータや客室内の空調機器など，多くの装備品が用いられている。このようなハードウェアである装備品類とそれを動作させるソフトウェア類は，一括して「航空機システム」と呼ばれている。前著を含めて，これまで航空機システムについてほとんど取り上げてこなかったので，このⅢ部では，その概要をまとめていく。近年では，この航空機システムに対して電動化の流れが高まっており，その点についても簡潔に紹介する。

Ⅲ部では，特記以外はジェット旅客機を対象とする。

9

航空機システムとは

本章では，航空機システムの構成要素について，それぞれの概要を整理する。また，航空機システムの設計時における基本的な考え方と電動化の流れについても紹介する。

9.1　航空機システム

9 章で述べたように，航空機の構成要素の一つに装備品がある（*9* 章では，装備品類重量 W_{fix} として機体重量推算を行った）。**装備品**は，表 *9.1* にまとめてあるように，航法計器，油圧系統，電装品類，空調系統，補助動力装置などの種々の系統で構成される。これらは，航空機の運航に欠かすことのできない，まさに装備品である。ただし，各系統を構成する部品あるいは機器一つひとつが別個に機能しても，本来求められている役目を果たすことができず，一つの航空機という大きなシステムに組み込まれて初めて，各系統が性能を発揮することになる。このため，これらの系統は，それぞれが**航空機サブシステム**（aircraft subsystem）と呼ばれる。また，これらを総称して**航空機システム**（aircraft system）と呼ばれる。

このような装備品に加えて，主翼や胴体で構成される機体（airframe）やエンジンも合わせた航空機全体を航空機システムと呼ぶこともある（文献 1），2.4 節）。ただし，航空機システムあるいは aircraft system といえば，前者のような装備品に関するシステムを指すことが多い。この場合，システムとしては，ハードウェアである装備品本体に加えて，それらを動作させるソフトウェアも合わせた総称になる。III 部では，このような航空機の運航に必要となる各種装備品やソフトウェア類を総称して航空機システムと呼び，その中で，特定の機能を実行するための各種装備品やソフトウェアで構成される航空機サブシステムを，それぞれ「～系統」と呼ぶことにする。

なお，本書の目的は，このような航空機システムについて詳しく述べることではないため，航空機概念設計を行うに際して最低限認識しておいてもらいたい事柄を以下にまとめておく。また，上述のように「航空機システム」という言葉自体もさまざまな意味で使われることがあるので，混乱を招かないために，III 部で考える「航空機システム」を**図 9.1** のように整理する。この図に挙げられている系統の多くが，それぞれ航空機サブシステムに対応している。なお，図 9.1 は，筆者が文献 2)，3）を参照して代表的な航空機サブシステムをリストアップしたものであり，すべての構成要素が含まれているわけではなく，また文献によっては別の整理の方法をとっている場合があることに注意されたい。

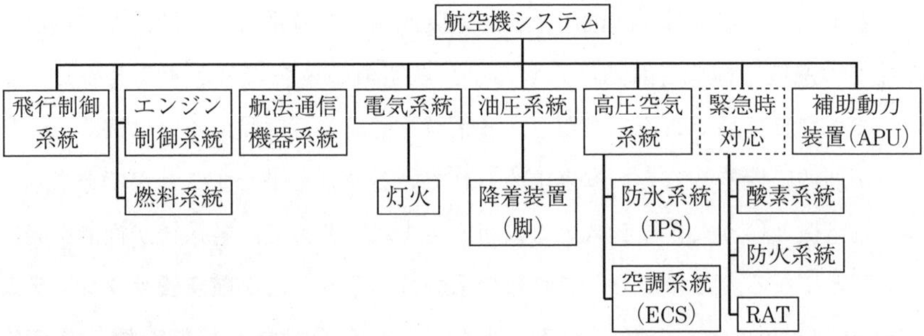

図 9.1　航空機システムと各航空機サブシステム

以下では，図 9.1 の左から順に，航空機サブシステムを具体的に見ていく。なお，本節の記述は文献 3）と文献 4）の 22 章をおもに参考にしている。

9.1.1　飛行制御系統

飛行制御系統あるいは**操縦系統**（aircraft control system または flight control system）は，航空機の操縦舵面（エルロン，エレベーター，ラダー），全可動の水平尾翼，スポイラーなどを操舵する primary flight control system と高揚力装置（後縁フラップや前縁スラットなど）を動作する high lift control system で構成される。

古典的な機体では，コントロールケーブル（操縦索）を使った張力，あるいはロッドを使った押す力によって機械的に操縦桿と操縦舵面などを結合し，人力で操舵する方式であった。機体規模が大きくなるにつれ，人力での操舵が困難になったため，操縦索などのメカニカルリンクと操縦舵面の間に油圧アクチュエータなどの power control unit（**PCU**）を介して操舵力を増幅させる方式が一般的になった。この場合，パイロットが操舵面からの空気力を直接感じることができなくなったために，人工的に操縦桿などに反力を発生させて，パイロットが操縦しやすくさせる工夫が行われた。

最近の機体では，メカニカルリンクを廃して，電気信号により電線（ワイヤ）とコンピュータを介して油圧アクチュエータなどを制御する**フライ・バイ・ワイヤ**（**FBW**，fly-by-wire）方式が多くの機体で一般的になった。また，スポイラーやトリムタブのような 2 次的な操縦舵面については，油圧アクチュエータではなく電動アクチュエータを使うことで油圧系統（9.1.5 項）を使用しない**パワー・バイ・ワイヤ**（power-by-wire）方式もある。さらには，ワイヤの代わりに光ケーブルを用いることで軽量化と電磁干渉を避けられる**フライ・バイ・ライト**（fly-by-light）方式も実用化されつつある。

9.1.2　エンジン制御系統と燃料系統

エンジン制御系統（engine control system）と**燃料系統**（fuel control system）を合わせて紹介する（文献 4），p.866）。ターボファンエンジンの場合は，エンジン点火・始動系統，スロットルによる燃料流量制御機構（逆噴射機構もあり），燃料タンクと燃料輸送マネージメント系統，エンジン冷却系統，エンジン防氷系統（10.1.2 項），オイル系統，防火系統（9.1.7 項），故障・異常検知システム，そしてエンジン計器・センサー類などで構成されている。この中で燃料輸送に関しては，最近の大型機ではトリム用に水平尾翼内に燃料タンクが設けられていることもあり，全機の重心位置との整合性をとることが重要である。最後に挙げたエンジン計器・センサー類に関しては，**FADEC**（full authority digital electric control または full authority digital engine control）と呼ばれるエンジン制御装置を使って，前述のフライ・バイ・ワイヤと組み合わせることで，飛行制御とエンジン制御を統合的に行うことが可能になっている。

9.1.3　航法通信機器系統

航空機の操縦に用いられる機器，そして航法と通信に用いられるシステムを総称して，ここでは**航法通信機器系統**（avionics system）と呼ぶ。これらの詳細について述べることは本書の範囲外となるが，機体内でこれらのシステムを結ぶケーブル類の長さや重量は，機体内への装備品類の配置や取付けに影響を及ぼす。機体外部に取り付けられる通信と航法関係のアンテナ類は，機体に働く抵抗の増加につながる（*10.3.1* 項，付録 A.3.1〔5〕項）。この系統はハードウェアとともにソフトウェアの重要性が高く，その点について 9.3 節で説明する。

9.1.4　電気系統と灯火

電気系統（electric power system）について述べる。飛行に必要な電気のおもな供給源は，エンジンに装備された発電機である。電気を必要とするシステム類としては，エンジン始動，灯火，操縦計器，航法機器，通信機器，飛行制御システム，客室装備関係が挙げられる。この電気系統については，10.1.4 項でも説明する。なお，緊急用あるいは補助的な電力供給源については，9.1.7 項と 9.1.8 項で紹介する。

電気を用いる装備の一つである機体外に設置される**灯火**（lighting）としては，衝突防止灯（anti-collision light），航空灯（navigation light），着陸灯（landing light），タキシー灯（taxi light）などがある。航空灯のうち主翼左端の赤色灯，右端の緑色灯については，*9* 章のコーヒーブレイクを参照されたい。

9.1.5 油圧系統と降着装置（脚）

油圧系統（hydraulic system）は，エレベーターなどの操縦舵面，脚の上げ下げ，ブレーキ，貨物扉のような大型扉の開閉などの動作に用いられる。油圧系統には高い信頼性が要求されるため，少なくとも独立した二つの系統が装備されており，冗長性を持たせている。油圧系統については，10.1.3 節でも説明する。

油圧系統を必要とする重要な装備品である脚（**降着装置**，landing gear, undercarriage）は，重要な航空機サブシステムの一つである[5)]。この降着装置システムは，着陸時の衝撃吸収，ブレーキの作動，地上走行時の車輪の操舵（ステアリング）などを行うことを目的としている。脚柱，脚支柱，上げ下げのためのアクチュエータ，ブレーキ，ホイール，タイヤ，ステアリング機構，そしてこれらの制御装置で構成されている。脚柱には衝撃を吸収するための緩衝装置として，オレオニューマッティック緩衝装置（**オレオ**）が用いられている。これは，シリンダー内に設けられたオリフィスを油が通過するときに発生する抗力によって衝撃を吸収する装置である。**図 9.2** に Mitsubishi SpaceJet（旧称 MRJ）に装備されている主脚と前脚を示す。

図 9.2 降着装置の例（Mitsubishi SpaceJet 向け主脚と前脚）（住友精密工業株式会社の許可を得て転載）

9.1.6　高圧空気系統，防氷系統，空調系統

高圧空気系統（pneumatic system，空圧系統や空気圧系統とも呼ばれる）は，エンジンから抽気した高温高圧の空気（これを**ブリードエア**（bleed air）という）を得る系統であり，キャビンの与圧と冷暖房，翼などの防氷，そしてエンジンの始動などに活用される。エンジン以外では，9.1.8 項で述べる補助動力装置（APU）もブリードエアの供給源である。

低温で水分を大量に含んだ雲の中を飛行すると，機体表面に氷が形成される。特に翼の前縁部に着氷すると翼型の形状が変化することになり，翼の空力特性が大きく損なわれ，事故に結び付く可能性が高い。そこで，翼の前縁部やエンジンの空気取入れ口の着氷を防ぐ装備が**防氷系統**（**IPS**，ice protection system）である。高圧空気系統からのブリードエアを利用する場合が多い。詳細については，10.1.2 項において説明する。

キャビンの与圧ならびに冷暖房を行うのが**空調系統**（**ECS**，environmental control system）である。空調系統の詳細については 10.1.1 節で説明するが，与圧によって多くの飛行機では，機内の気圧が高度 8 000 ft のそれを超えないように制御されている。乗客乗員の生命維持につながる重要な系統である。

9.1.7　緊急時対応（酸素系統，防火系統，RAT）

緊急時対応のために独立した系統や装備があり，本書では，その中から 3 種を取り出して緊急時対応と呼ぶこととした（図 9.1 では点線の枠で囲った）。

9.1.6 項で述べた高圧空気系統や空調系統に異常が発生したときに，安全な高度まで機体は緊急降下を行うが，**酸素系統**（oxygen system）は，その緊急降下の間に乗客へ酸素供給を行うための酸素マスクと酸素発生装置，ならびにパイロットのための酸素マスクと酸素供給装置などから構成される。

防火系統（fire detection and protection system）は，その名称のとおり火災検知装置と消火系統で構成されている。防火系統は，貨物室，**化粧室**，エンジン，脚格納室などに装備されている。エンジンや貨物室では固定された消火装置が装備されているが，客席内では携帯用の消火器が使われる。

RAT（ram air turbine）とは，飛行中にエンジンがすべて停止したような緊急時に，タービンブレードが取り付けられた小型の発電機と油圧ポンプを胴体下部から機外に引き出し，気流が当たるブレードの回転によって非常用の電力と油圧を得る装置である。

ところで，乗客用の酸素マスクやRATは，正常な飛行時に使用されることはない。また，地上で行われる整備においても，緊急時と同じ状況下での動作確認を行うことはできない。このような通常運航または地上における整備において機能の信頼性を確認できないシステムは，**NHF**（normally hidden function）関連システムと呼ばれる。緊急時にNHF関連の装備が正常に動作することの保証方法は別に定められている[6)]。

9.1.8 補助動力装置（APU）

補助動力装置（**APU**，auxiliary power unit）は電力や高圧空気を供給する装置である。一般に，飛行中に使用されることはなく，地上においてエンジンが停止しているときに使われる。空港設備に頼ることなく，客室の空調や電力の供給が可能になり，またエンジンの始動のための空気供給源としても使われる。APU自体は小型のガスタービンエンジンであり，ジェット旅客機の多くでは胴体尾部に取り付けられている。始動可能な高度制限がある場合もあるが，飛行中でも緊急時に始動することで，電力や高圧空気の供給源として使用することができる機体もある。

9.2 2 次動力とは

前節では，航空機システムについて全体を概観した。本節では，エンジンから供給される動力の観点から整理していく。航空機が使用する主たる動力は推進に必要な推力であり，これは**1 次動力**（primary power）と呼ばれる。このほかに**2 次動力**（secondary power）がある。2 次動力とは，エンジンから供給される高圧空気（ブリードエア）あるいはジェットエンジンの軸出力を使って駆動された発電機や油圧ポンプによって得られる電力や油圧である（後者を**パワーオフテイク**（power offtake）と呼ぶ）。2次動力の一部は，9.1.8項で述べたとおり補助動力装置（APU）によっても供給される。

9.1節で説明したように，この2次動力を動力源とするおもな航空機サブシステムは，電気系統，油圧系統，高圧空気系統と関連する空調系統（ECS）ならびに防氷系統（IPS）である。さらに，エンジンのアクセサリー（これを**エンジン補機**と呼ぶ）に関して，例えば燃料ポンプも2次動力を使って駆動されている。そこで，これらのシステム（空調系統，防氷系統，油圧系統，電気系統，エンジン補機）を合わせて2次動力システム（secondary power system）と呼ぶ（文献7），p.73）。2次動力システムの概要図を**図9.3**に示す。

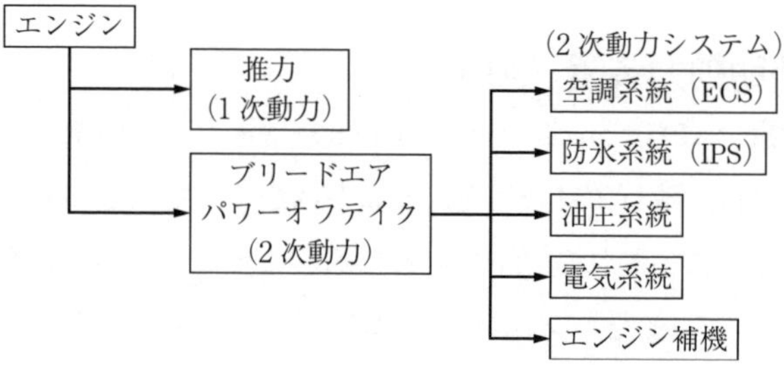

図9.3　2次動力システムの概要図

上述のとおり，エンジンから2次動力を取り出すことで，本来のエンジンの目的である推進力は減少している。すなわち，航空機システムを使用することによって機体性能へも影響が及び，航空機設計結果が変化することになる。そこで，航空機概念設計の観点からも，この2次動力システムを考える必要性がある。10章では，2次動力システムを構成する各サブシステムについて改めて整理するとともに，これらのシステムの考慮が航空機概念設計に及ぼす影響について述べる。

9.3　航空機システムの開発プロセス

9.1節の冒頭でも述べたように，航空機システムは，ハードウェアである装備品とそれを動作させるソフトウェアの両者で構成されている。この航空機システムの開発プロセスについて，本節で概観する。1章のコーヒーブレイクで整理したが，航空機は認証を取得しないと飛行させることができない。そのために，本章で考えている航空機システムに関しても，認証を得るためには「設計において一定のプロセスを経ていることを確認することで設計の正しさを確保するプロセス保証」（文献8)，2.4.1項）を行うこととされている。このプロセス保証を行うためのガイドラインとしてSAE ARP（Aerospace Recommended Practice）4754（あるいは，その改訂版の4754A）が制定されている[9)]。**SAE**はSociety of Automotive Engineersの略称で，輸送機器や航空宇宙分野での国際標準となる規格を制定している米国の民間団体である。ここでは，文献8)，文献10）あるいは文献1)，11.2節と文献2)，6.4節に基づいて，**ARP 4754**（ARP 4754A）について簡単にまとめておきたい。なお，以下では，すでに飛行している航空機と同等あるいは改良型の機体開発を想定しており，設計開発の流れがほぼ確立されているような場合を取り扱う。

航空機の開発に必要な活動の流れを改めて整理しておくと，つぎのようになる。すなわち，概念の設定，概念実現に必要な事柄の定義，具体的な設計，製造，試験そして運用開始である（文献1)，p.128)。この開発プロセスの途中で「後戻りを極力なくすように」構築された航空機開発のための「合理的なプロセス」[10)]を図で表したものが，**V字モデル**（V curve，V diagram，あるいは**V&V**と呼ばれることもある）である。このV字モデルは，一般的なソフトウェア開発で標準的に使われている。V字モデルを用いて，この安全性を確保しながら設計プロセスを保証する開発の流れを描いた図表がARP 4754に示されている。ここで，その背景にある考え方を説明している文献1)，6.5節を参考にして，航空機全体のシステム開発をV字モデルによって簡略的に描いた

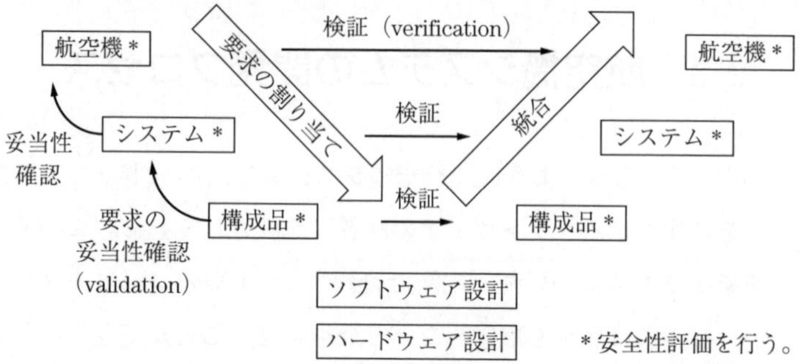

図 9.4　航空機開発プロセスと安全性評価の関係（V 字モデル）の概要図

図を**図 9.4** に示す（ARP 4754 に示されている V 字モデルの図とは異なる）。

開発プロセスを示す V 字モデルは，図 9.4 の例のように図の左上から始まる右下がりの流れを表す矢印（以下，左矢印と呼ぶ）と，それに続いて図中央最下部から始まる右上がりの流れを表す矢印（以下，右矢印と呼ぶ）の二つで構成されている。左矢印は，これから開発する航空機，その航空機を構成する各航空機システム，そして航空機システムの各構成品の順に三つの要素（上位から下位に向けて順に絞り込まれていく）が並んでいる。要素ごとに，要求の確認，安全性の評価が行われる。また，この段階で，下位の要素に対する要求が直近の上位の要素に対する要求に照らして妥当であることの確認（これを **validation** と呼ぶ）を必ず行う。その段階で，完全で抜けがないこと（completeness）と正確であること（correctness）を確認することが求められる。なお，安全性評価のプロセスについては，ガイドライン（SAE ARP 4761）が規程されており，これに従うことが求められる。この左矢印の段階をまとめると，妥当性を確認しながらトップダウン的に要求を設定していくプロセスといえる。

以上の左矢印の作業を経たあとの図最下部に達した段階で，構成品の実際の設計が行われる。これにはハードウェアとしての設計とソフトウェアとしての設計の両者があり，不具合が発生することを避けるために，開発をそれぞれ保証するプロセスのガイドラインが定められている。米国の民間団体である

RTCA（Radio Technical Commission for Aeronautics，航空無線技術委員会）が電子ハードウェアについてはRTCA DO-254を，ソフトウェアについてはRTCA **DO-178B**（あるいはその改訂版のDO-178C）を制定している。さらには，複数のシステムが統合化された機器類に関するガイドラインとしてRTCA DO-297があり，これらに従って設計作業が行われることが求められている。

続いて右矢印に移り，今度は三つの要素，すなわち構成品，航空機システムそして航空機へと，先ほどとは逆のプロセスをたどっていく，すなわちシステムを統合していくプロセスに移る。その際，重点を置かれるのが，各要素ごとに正しく機能することと要求を満たしていることを検証（**verification**）することである。これには，地上での機能試験に加えて，最終的には開発された航空機の飛行試験も含まれることになる。この右矢印の段階は，要求されている事項を満たしていることをボトムアップ的に検証しており，これによって設計の正しさを確保したことが保証されることになる。なお，図9.4の左矢印の流れ全体をvalidation，右矢印の流れ全体をverificationと呼ぶこともある。

以上述べたプロセスを完了することで，航空機の認証作業において提示することが求められている適切な開発を行ったことの証明につながる。ここまでさまざまなガイドラインを挙げて説明してきたが，文献9)，10）に基づいて，それらの関係を整理した図を**図9.5**に示す。図の点線部分よりも上側がシステ

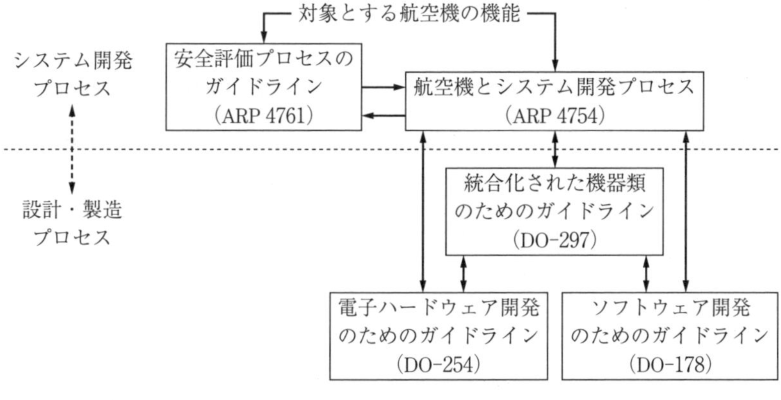

図9.5　ARP 4754を中心とした航空機システムのガイドラインの関連

ム開発のプロセスに相当し，下側が実際の構成品の設計，製造プロセスに相当する。すなわち，下側は図9.4の最下部に相当する。

9.4 More Electric Aircraft : MEA

II部で扱ったハイブリッド電動航空機は，1次動力をできるだけ電力に置き換えることで燃費改善と環境適合性の向上を目指した将来型の航空機である。一方で，2次動力システムをできるだけ電気化し，同じく燃費改善と環境適合性の向上を達成する航空機を **More Electric Aircraft**（**MEA**）と呼び，すでにBoeing 787などで一部は実用化されている。ここでは，文献2)，10章と文献11）を基にしてMEAについて概観したい。

9.2節で述べたように，航空機は，エンジンに取り付けられた発電機によって電気を生成し，同じくエンジンに取り付けられた油圧ポンプによって油圧を得て，さらにはエンジンからのブリードエアを高圧空気源としている。MEAは，このエンジンから得ている油圧と高圧空気をできるだけ電気で置き換えた航空機のことである。これの実現のためには，エンジンに取り付けられた発電機をはじめとする電気部品の高性能化が必要であったが，近年これが実現するとともに安全性も確保されたために，MEAの実用化に至った。効率が高く，かつ機器の重量も軽減される電気システムを多用化することで，燃費を改善するというのがMEAの目指すところである。

図9.6は，従来型の2次動力システムとBoeing 787を例にとったMEAの2次動力システムを比較した図である（文献2)，p.382に基づいて作成)。これまで説明してきたように，従来型（図（a））では，エンジンに取り付けられた油圧ポンプによって油圧系統を作動させ（図中点線)，発電機によって電気系統を作動させ（図中実線)，さらにエンジンからのブリードエアによって空調系統（ECS）や防氷系統（これにはエンジンカウル部分の防氷も含む）を作動させてきた（図中破線)。また，補助動力装置（APU）から得た高圧空気によってエンジンの始動を行ってきた。

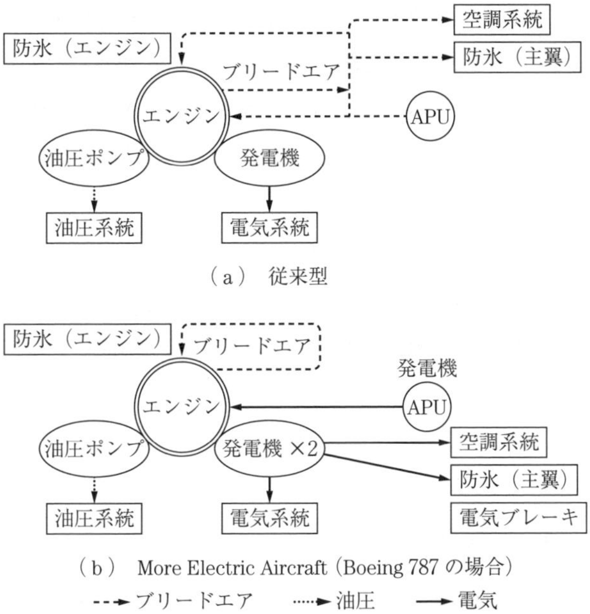

図 9.6　従来型と MEA の 2 次動力システムの比較（文献 2）に基づいて作成）

これに対して，図（b）の Boeing 787 では，油圧系統は従来型とほぼ同等であるが（ただし，車輪のブレーキは電気式に置き換えられた），ブリードエアはエンジンカウルの防氷にのみ使用され，高圧空気の代わりに発電機から得た電力によって空調と主翼の防氷を行うシステムに置き換えられた。このため，エンジンからの発電容量は大幅に向上され，従来型の Boeing 767 ではエンジン 1 基につき 120 kV･A の能力を有する発電機 1 台が設置されていたのに対して，Boeing 787 では 250 kV･A の発電機が 2 台設置されている。ここで発電された電気を用いて，上述のように従来からの電気系統だけでなく，空調系統や防氷系統などを動作させている。また，補助動力装置（APU）から高圧空気を得てエンジンが始動されるのではなく，APU に取り付けられた発電機を用いて得られた電力を用いてエンジン始動が行われるようになった。

一方で，油圧系統については，Airbus A380 が電動化を進めた。従来型の油圧式アクチュエータではなく，**EHA**（electro-hydrostatic actuator）と呼ばれる電気油圧式アクチュエータをエルロンやエレベーターに使用している。このEHAは，アクチュエータ内に設置された電気モータが同じアクチュエータ内の油圧ポンプを作動させるものであり，外部からの大がかりな油圧配管が不要になる特徴がある。Airbus A380では，エンジンの逆噴射装置に使われるアクチュエータも電動化された[11)]。

降着装置（脚）に用いられるアクチュエータもEHAに置き換えられる構想があり，開発が続けられている[5)]。なお，アクチュエータから油圧系統をなくして電気のみで動作する**EMA**（electro-mechanical actuator）もあるが，機構的な信頼性と耐久性がいまだ低い段階である。

コーヒーブレイク

ファミリー機体の開発

*1.1.1*項で述べたように，開発された機体の胴体を延長したり短縮したりすることで乗客数を増減したり，燃料容量の増大によって航続距離を延長した機体を**ファミリー機体**（派生型機体）と呼ぶ。**図1**はBoeing 777型機のファミリー機体を乗客数と航続距離ごとに整理したものである（文献1），2）に基づいて作成）。現行のBoeing 777の後継機であるBoeing 777-8とBoeing 777-9も示してある。ファミリー機体は，あまり開発コストをかけることなく市場のニーズを満たすことを目的としており，図1を見ると，機体メーカーは乗客数や航続距離を変えた機体を継続的に市場に送り出してきたことが読み取れる。

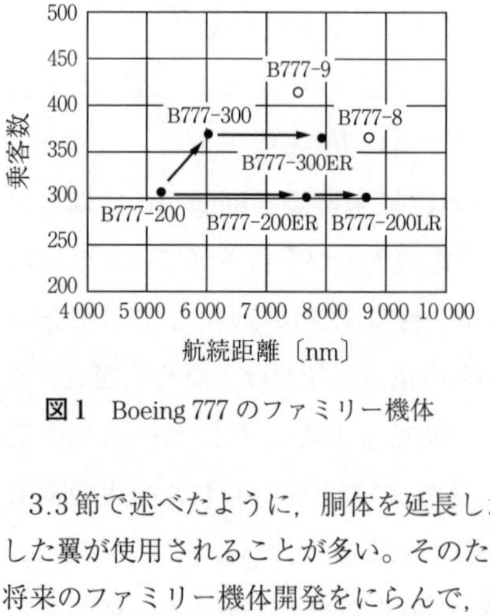

図1　Boeing 777のファミリー機体

3.3節で述べたように，胴体を延長したファミリー機体では同一の平面形を有した翼が使用されることが多い。そのためには，最初の機体を開発する当初から将来のファミリー機体開発をにらんで，機体設計を行っておく必要がある。

ファミリー機体では，共通のコックピットとすることで同じパイロットが異なる機種でも操縦でき，また機体の整備方式も同一にできるため，エアラインにとっても運航コストを低減することができる。このことは**コモナリティ**（commonality）と呼ばれる。エアバスでは，機体サイズが大きく異なる Airbus A350 や A380 どうしでもコックピットをはじめとしてさまざまな側面からコモナリティを持たせており，これがエアラインに対するセールスポイントとなっている。

さらにファミリー機体は，認証取得（1章のコーヒーブレーク）でも利点がある。すでに開発された機体と同等の機体構造であり，また同一の機器を搭載することが多い機体では，過去の認証取得で用いられた試験データなどで代替することができる場合がある。これは **similarity 証明**と呼ばれ[3]，ファミリー機体の場合は，この面から機体開発期間を短縮することが可能になる。

ところで，開発された航空機は，設計点である設計航続距離付近で多くのエアラインが飛行させているように思われるかもしれない。ここで，米国の輸送局（BTS: Bureau of Transportation Statistics）が公開しているデータを基にして，米国国内で 2016 年に Boeing 737-800 が実際にどのような運航を行ったか整理した結果を payload-range diagram 上に示す（**図 2**，文献 4）より引用）。△印は設計ペイロード，設計航続距離であり，実際の運航データの密度の高さを色の濃淡で示してある。これによると，運航の頻度の高いペイロードと航続距離の組合せ，すなわち需要の高い点は設計航続距離の 2 ～ 3 割程度の路線に集中していることが読み取れる。このように，エアラインが実際に運航する路線の航続距離は，設計時に想定している航続距離とは大きく異なっている場合があることがわかる。

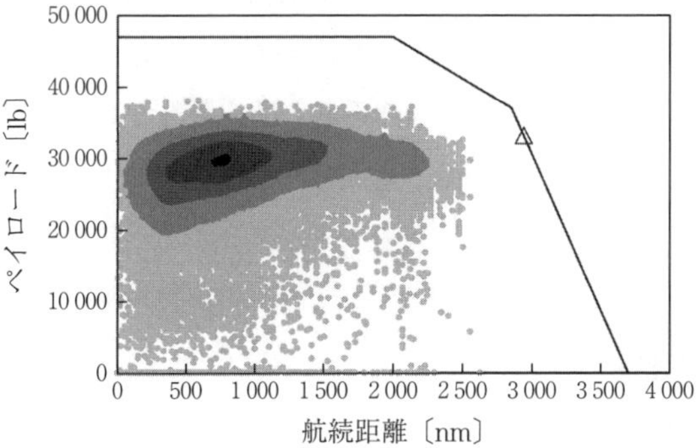

図 2　Boeing 737-800 型機による運航路線データ（2016 年，米国国内）[4]

10

2次動力システムの構成と概念設計への影響

本章では，航空機の概念設計結果に影響を及ぼすことが考えられる航空機システムの構成要素（これを2次動力システムと呼んでいる）について改めて整理するとともに，2次動力システムの影響を考慮した機体概念設計について述べる。

10.1　2次動力システムの構成

9章で述べたように，エンジンからブリードエアあるいはパワーオフテイクとして2次動力を得るシステムには，空調系統，防氷系統，油圧系統，電気系統，エンジン補機がある。なお，空調系統や防氷系統とエンジンの間には高圧空気系統があるが，ここでは，これも含めて空調系統，防氷系統と呼ぶ。以下では，これら2次動力システムの基本的機能と構成について，おもに文献1)～3）に基づいて述べる。

10.1.1　空調系統（ECS）

空調系統（**ECS**，environmental control system）は，客室とコックピットの与圧ならびに冷暖房・換気を行うことで快適な機内環境を維持するためにある。本項では，空調系統の構成と電動化（MEA），そして機体概念設計に関わる事柄について述べる。

〔1〕 **空調系統の構成**

基本的なECSの構成を，エンジンから高圧空気を得る**高圧空気系統**（pneumatic system）も含めて，文献4)，5）に基づいて**図10.1**に示す。

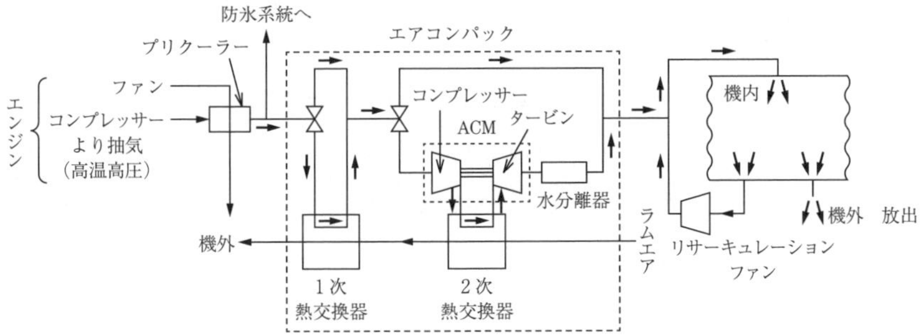

図10.1　ブリード式ECSの構成（文献4)，5）に基づいて作成）

まず，エンジンから高圧・高温の空気を抽気する高圧空気系統であるが，エンジンの回転数に応じて低圧側あるいは高圧側のコンプレッサーからブリードエアを得る。調圧後に**プリクーラー**（pre-cooler）においてエンジンのファンからの空気との間で熱交換が行われ，温度が下げられる（文献2)，p.394)。ここで得られたブリードエア（機内環境に比べればいまだ高温高圧）の一部は次項で述べる防氷装置にも使用される。

高圧空気系統からのブリードエアは，空調の効率を上げるために，機外から取り込んだ空気（**ラムエア**，ram air）との熱交換を行う**1次熱交換器**（primary heat exchanger）を通ったあとに，**エアサイクルマシン**（**ACM**，air cycle machine）に流入する。ACMは，一体化されたコンプレッサーとタービンが回転する機構になっており，流入したブリードエアは，まずACMのコンプレッサーによって断熱圧縮される。**2次熱交換器**（secondary heat exchanger）によって再度冷却され，今度はACMのタービンによって断熱膨張され冷却空気が得られる。**水分離器**（demister）を経たあとに，エアコンダクトを通じて冷気は客室とコックピットへ送られる。なお，温度調整のために，ACMに流入せずにACMのコンプレッサーをバイパスした空気も用いられ，これはACM

を通過した空気と混合されている（文献2），p.141，文献6））。この冷気を作り出す一連の装置をまとめて**エアコンパック**（air conditioning pack）と呼ぶ。このように，航空機に用いられる空調は，家庭用とは異なり冷媒を使っておらず，制御関係以外には電気も必要とせず，圧縮空気のみで冷気を作り出すことができる特徴を有する[5)]。

客室内に流入した冷却された空気の一部は，再循環用ファン（recirculation fan）によってエアコンダクトに戻される。これによってブリードエアの使用量を節約している。また，機体には空気放出用のバルブ（outflow valve）が設けられており，空気は機外に放出される。機外に放出される空気の量を制御することで，飛行高度に対応した機内の与圧を達成することができる。

現在主流の空調系統は，図10.1の方式よりも効率をさらに高めた「3ホイール」方式である。ACMは，コンプレッサー，タービンに加えてファンの三つの翼車から構成されている。ファンは，低速飛行時にラムエアを引き込む用途に用いられる。また，水分離器に加えて，コンデンサー，リヒーターからなる除湿回路も使用されている。

〔2〕 ECSの電動化

9.4節で述べたMore Electric Aircraft（MEA）のように，空調系統を電動化することで，エンジンからのブリードエアを使用する必要がなくなる。これを実現するために，Boeing 787では電動コンプレッサーが用いられている。胴体下方の翼胴フェアリング部付近に設けられた空気取入れ口から空気を取り入れ，電動コンプレッサーによって圧縮された空気がエアコンパックに送り込まれる（文献1），p.386）。通常のECSでは高温高圧のブリードエアから冷気を作り出しているのに対して，電動化されたECSではより低温低圧の空気を使用することができる分，エネルギーロスが少なくなっている。電動化されたECSの効果については，10.2.3項において説明する。

〔3〕 機体概念設計に当たって考慮すべき事柄

FAR25.831は，機内の換気について規程している。これによると，乗員乗客一人当りに必要な空気量は1分間当り0.55 lbとされている。すなわち，通常の運航において，エンジンから取り出すべきブリードエアは，1分間当りこの値に乗員乗客数を掛け合わせた値に等しいと置ける。この量が2次動力としてエンジンから取り出されるため，エンジン本来の目的である1次動力（推力）がその分だけ影響を受けることになる。

また，10.1.1〔1〕項で述べたように，高温高圧のブリードエアは熱交換器で冷却されているが，この熱交換器のために用いられる冷却空気には，機外から取り込んだラムエアが用いられている。ラムエアを取り込むということは，機体には抵抗（**ラム抵抗**，ram drag）が発生することを意味し，機体全体に働く抵抗値も増大することになる。特に電動式ECSでは，これに加えて，エンジンから取り込むブリードエアの代わりに機外から取り込まれたラムエアを用いて，空調された気流を機内へ供給するため，このラムエアによるラム抵抗がさらに発生する。

10.1.2　防氷系統（IPS）

〔1〕　防氷の必要性

航空機への着氷は，外気温が−5～−10℃でかつ過冷却状態の水滴を多く含む雲中を飛行する場合に発生しやすい。氷には，空気を含んだ粗くて脆い氷（rime iceと呼ばれる）と粒径の大きな過冷却状態の水滴によって形成される氷（glazed iceと呼ばれる）の2種類におもに分類される[7)]。後者は，積雲内で特に発生しやすく，着氷が進むと角状の壊れにくい氷が形成される。積雲の雲頂高度は12 000～15 000 ftであるので，この高度以下の雲中飛行で外気温が−5～−10℃の温度域ではglazed iceに遭遇しやすい気象条件であるといえる。ただし，プロペラ機に比べてジェット機の場合は，巡航高度が高く，上昇や下降速度も大きいため，運航中にこのような気象条件の中を飛行する時間は長くはない（文献8)，8章）。

主翼前縁部に着氷が発生したときの空力特性に与える影響を把握するために，文献9）において風洞実験が行われている。前縁で着氷している状態を模擬した2次元翼型模型を用いて揚力-迎角曲線を計測した結果を文献9）に基づいて**図10.2**に模式的に示す。**図10.3**は，このときの翼型前縁付近の着氷の様子を概念的に示した図である。図10.2より，着氷によって，揚力傾斜は大きくは変化しないものの，最大揚力は大きく減少し，かつ失速迎角も減少していることがわかる。このような着氷が起こると，パイロットが予期せぬ機体の失速に遭遇することもあり得る（文献8)，8章)。また，エンジンのインテイク（空気取入れ口）に着氷すると，エンジン性能の低下につながる。

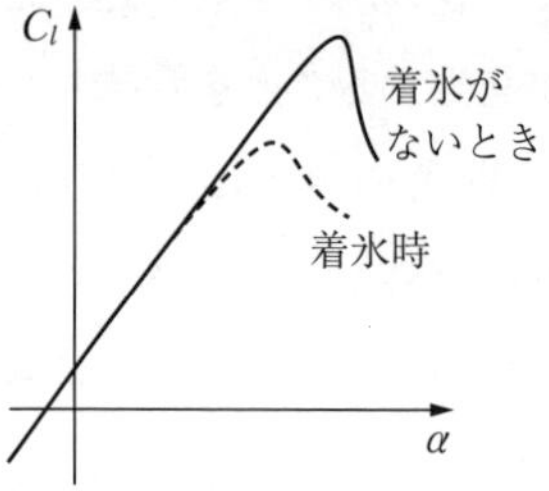

図10.2　着氷による2次元翼型の揚力特性の変化（模式図）

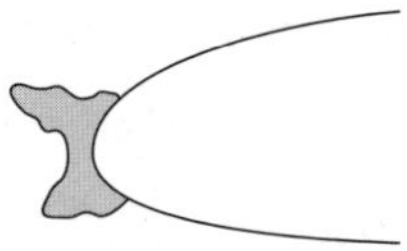

図10.3　翼型前縁付近にglazed iceが付着した様子の概念図

〔2〕 防氷装置と除氷装置

防氷装置は，翼の前縁部分，エンジンのインテイク（空気取入れ口）に加えて，アンテナやピトー管のような静圧・動圧計測部およびコックピットの窓などに設けられている（文献2)，p.214)。

ジェット旅客機の場合，翼前縁部分やエンジンのインテイクへの着氷防止のためには，高圧空気系統から得た高温のブリードエアを表面に流すことで着氷を防いでいる。

ターボプロップ機の場合，十分な量の高温のブリードエアを確保できないために，翼表面に張られたゴムで作られた薄膜（ゴムブーツ，rubber boots）の裏側に必要に応じて高圧空気を流し，ゴムを膨らませることで，翼表面形状を変形させて着氷した氷を取り除く除氷装置が用いられる。大量に着氷した段階では，このブーツによる除氷の効果は低下するので，あくまでも着氷の初期の段階でしか用いることはできない。

翼表面に開けられた小孔からプロピレングリコールのような防氷液を流し，凝固点を下げることで防氷を行う方式もあるが，使用できる防氷液の量に制限があり，着氷を特に避けたい部位への使用に限られるため一般的な方式ではない。なお，空港に駐機中の機体に対する防氷・除雪氷のために防氷液は使用されている。

翼表面を電熱線で加熱する方式は，大型機ではピトー管への着氷を防ぐなど，限られた部分での使用にとどまっていたが，Boeing 787 では，9.4 節で述べたように翼表面の防氷装置として，ブリードエアを用いない電熱式防氷装置が使われている。

10.1.3　油　圧　系　統

9.1.5 項で述べたように，**油圧系統**は舵面や降着装置の動作に用いられる。油圧は，タンクから供給される作動油をポンプによって加圧することで得られ，それを例えば舵面に取り付けられたアクチュエータに配管を通して伝達することで，舵面を駆動している。油圧系統が故障すると飛行が困難になるため，油圧源は複数用意されており，冗長性を持つ系統となっている。**図 10.4** に Mitsubishi SpaceJet（旧称 MRJ）の各舵面に装備されている**アクチュエータ**

図 10.4　Mitsubishi SpaceJet 向けアクチュエータとマニフォールドの例
（ナブテスコ株式会社の許可を得て転載）

と**マニフォールド**の例を示す。なお，マニフォールドとは，アクチュエータの上流側に配置され，アクチュエータの伸縮制御を油圧を介して行う装置のことである。

図 10.5 は，Boeing 767 を例にとった油圧系統を示している（文献 1)，p.166 と文献 10)，p.385 に基づいて作成）。この機体は左，右，そして中央という三つの独立した油圧系統を有しており，4 種類（総計 8 個）の油圧ポンプを駆動できる。

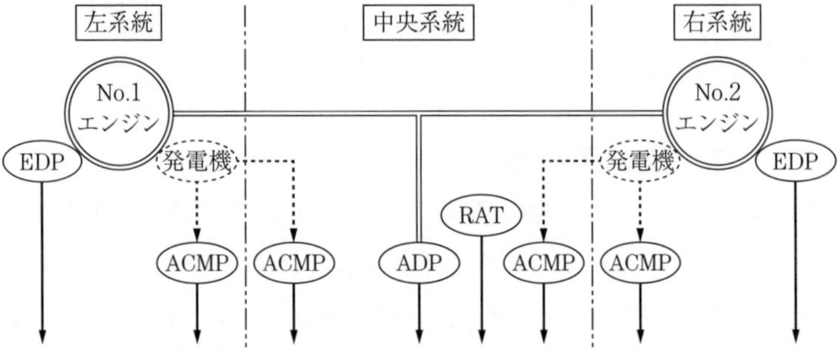

EDP：engine driven pump　　ADP：air driven pump
ACMP：alternate current motor pump　　RAT：ram air turbine

図 10.5　Boeing 767 の油圧系統概要図（文献 1)，8) に基づいて作成）

4 種類の油圧ポンプについてまとめる（文献 2)，p.391）。まず**エンジン駆動ポンプ**（**EDP**，engine driven pump）は，左と右の系統で主要に使われるポンプであり，それぞれの側のエンジンにより駆動されている。エンジン運転中はつねに油圧を供給している。**交流モータ駆動ポンプ**（**ACMP**，alternate current motor pump）は，エンジンの発電機で得られた電力で動作する交流モータによって駆動するポンプである。中央の系統で主となる 2 台のポンプであり，左右の系統では EDP に不具合が生じたときに動作を始める。このほか，**圧縮空気駆動ポンプ**（**ADP**，air driven pump）は，中央系統で予備のポンプの役目を果たす。この ADP は，エンジンからのブリードエアによりタービンを回転させることでポンプを駆動している。最後は，中央系統にある **RAT**（ram air turbine，9.1.7 項）であり，緊急時のみに作動する。

油圧系統を用いる機構を文献 2)，p.392 に従ってまとめておく。

—操縦系統：エルロン，エレベーター，ラダー，スポイラー，フラップ，
スタビライザートリム（全可動の水平尾翼の動作），スラット

—降着装置：前脚と主脚の上げ下げ，ステアリング，ブレーキ

—その他：貨物室ドア，エンジンの逆噴射装置（スラストリバーサー）

9.4 節で述べたとおり More Electric Aircraft である Boeing 787 では，油圧系統に大きな変化はない。ただし，エンジンからのブリードエアを使用する ADP は用いられていない（文献 10)，p.385)。

10.1.4　電　気　系　統

飛行に必要な電力を得るため，エンジンに装備された交流発電機がおもに用いられている。この交流電源が**電気系統**の主電源の役目を担っているが，直流電源が必要な機器については，交流電力を直流電力に変換して用いている（文献 2)，p.389)。油圧系統と同様に 2 系統以上の冗長性を有しており，一つの発電系統が故障したとしても残りの系統で電力の供給が可能になっている。このほか，補助動力装置（APU，9.1.8 項），直流電力源となるバッテリー，駐機中に地上から電力の供給を受けるコンセント，そして緊急時に使用される RAT（9.1.7 項）が電力供給のために使用できる。

電力を使用する系統，機器としては，以下のようになる（文献 1)，p.210)。

—各種電動モータ，電動アクチュエータ，ポンプ類の駆動

—灯火類：外部灯火（9.1.4 項），機内照明

—電気式防氷装置（10.1.2 項）

—各種サブシステムの制御装置や飛行に必要な航法・通信機器類

さらに，乗客サービス用として，ギャレーでの調理用電力や，エンターテイメントシステム用電力も必要であり，特に前者の使用時にはかなりの電力を消費する。

More Electric Aircraft に関しては，Boeing 787 のように空調系統と防氷系統はほとんど電動化され（10.1.1 項，10.1.2 項），また油圧系統でもブリードエ

アを使用する機構が廃止されている（10.1.3項）。大電力を得るために，エンジンに取り付けられた発電機は大幅に増強されている（9.4節）。

10.1.5　エンジン補機

エンジン補機（engine accessories）はエンジンを駆動するために必要な機器であり，エンジンからの動力によって作動する。このため，エンジンから2次動力を得て駆動する航空機システムの一つと考えることができる。2次動力を必要とするおもなエンジン補機は，エンジン燃料ポンプ，潤滑油ポンプ，エンジン専用発電機（オルタネータ）であるが，潤滑油ポンプとオルタネータの駆動に必要な動力は比較的小さいため，エンジン燃料ポンプが主たる動力を必要とする機器と考えてよい[11)]。

10.2　航空機概念設計への影響

9.2節で述べたように，2次動力システムはエンジンから得たブリードエア，油圧，電力によって駆動されている。このため，エンジンの本来の目的である推力の発生は影響を受け，結果的に航空機全体の性能も変化する。本節では，2次動力システムの考慮が航空機概念設計へ及ぼす影響について考える。

10.2.1　概念設計に影響する三つの要素

図10.6は，**2次動力システム**の概要を示した図9.3に概念設計への影響に関する説明を追加した図である。図に示されているように，概念設計結果へは三つの観点からの影響が考えられる。すなわち，10.1.1〔3〕項で述べたように，空調系統（ECS）の使用に当たっては，機外からラムエアを取り込むためラム抵抗が発生する。これは，機体に働く抵抗の増大を意味しており，空力特性が変化することになる。つぎに，2次動力システム自体の重量があり，これによって機体の全備重量が増大することになる。そして3点目は，エンジン性能への影響である。すなわち，最初に述べたように，2次動力を得るためにエ

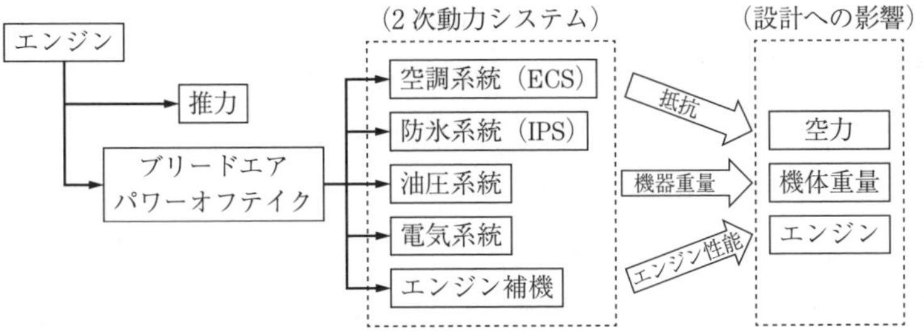

図 10.6　2 次動力システムの概念設計結果への影響

ンジンからブリードエアを取り出し，油圧ポンプや発電機を駆動していることは，そのパワーオフテイクによりエンジン推力の減少や燃料消費率の増大を招くことになる。

ここで参考までに，2 次動力システムを含む航空機システムの重量のおおよその目安を示しておく。なお，*9.1.2*〔*7*〕項で示したように，装備品類（航空機システム）全体の重量は最大離陸重量 W_{TO} に比例し，短距離機では W_{TO} の 14 %，中距離機では W_{TO} の 11 %，長距離機は W_{TO} の 8 %というモデルを設定し，おおよそ最大離陸重量の 1 割前後であるとした。文献 3）によると

油圧系統，高圧空気系統，空調系統を合わせて：W_{TO} の 0.4 〜 1 %

電気系統（配線重量の割合が高い）：W_{TO} の 0.4 〜 4 %

飛行制御系統：W_{TO} の 1 〜 2 %

エンジン補機類：W_{TO} の 1.5 〜 2 %

とされている。

10.2.2　2 次動力システムを考慮に入れた概念設計手法

前著やⅠ部の内容を思い起こしてもらうと，そこで行った概念設計では，この 2 次動力システムの影響を特に把握することなしに設計作業を行っていた。ただし，*9.1.2*〔*7*〕項では，「装備品類重量」として，2 次動力システムを含んだ装備品類の重量は考慮していた。*11.1.3* 項でターボファンエンジンの性能曲線を得たときには，「エンジン補機によるロスなど」として 2 次動力によ

る推力の損失を考慮していた。ラム抵抗の増大については考えていなかったが，これらの一連の考慮を通じて，これまでの概念設計法では，完全ではないものの，2次動力システムの影響が設計結果に加味されていた。

ところで，9.4節で述べたように，2次動力システムを電気化して燃費改善を目指したMore Electric Aircraft（MEA）の開発と実用化が進んでいる。このような航空機システムが電気化されたMEAに関する概念設計を行うことや，システムの電気化による燃費改善への影響を定量的に知るために，これまで述べてきた前著やI部の概念設計法を用いることは，2次動力システムの詳細を考えていないため適切ではない。そこで，この影響を把握するために，文献11)，12）では，図10.6に示した概念設計に対する三つの影響を定量化して，MEAのような新たな航空機システムを有する航空機の燃費改善などに関する検討が行われた。ここでは，その概要について紹介したい。ただし，2次動力システムを考慮に入れた概念設計法を具体的に説明することは本書の範囲を超えるので，これらに関しては文献11)，12）あるいは13）を参照していただきたい（文献13）において原型となる2次動力システムモデルが構築され，その改良モデルが文献11)，12）で使われている）。

文献11)，12）では，空調系統（ECS），防氷系統（IPS），油圧系統，電気系統，エンジン補機の各2次動力システムそれぞれについて，動作に必要なブリードエアやパワーオフテイクを求めることができるモデル化が行われた。そのうえで，ブリードエアやパワーオフテイクの影響でエンジン性能が影響を受ける度合いが，エンジン性能推算モデルを用いて推算された。ECSによるラム抵抗についても推定し，それが機体の空力特性推算結果に加えられた。また例えば，ECSを電動化することによる空調系統の重量の変化についても推算可能な重量モデルを構築し，従来型のECSと電動化されたECSとの重量差分を考慮することで，機体の全備重量が推算された。このような方法で，2次動力システムが新規のシステムに変更されたときの影響を知ることができる概念設計手法が構築された。なお，概念設計に当たっては，燃料重量の最小化を目的とする最適化が行われた。

10.2.3　2次動力システムの影響（電動化された ECS の場合）

以上の方法で，Boeing 777-200 をベースとする機体を選び，従来型のブリード式 ECS を Boeing 787 と同様な**電動化された ECS** に変更したときの影響が文献 11)，12) で検討された。その結果を**図 10.7** に示す。図は，主翼面積 S，巡航時揚抗比 $(L/D)_{cr}$，燃料消費率 sfc，最大離陸重量 W_{TO}，運用空虚重量 W_{OE}，燃料重量 W_f の諸量が，ベースラインとした Boeing 777-200 相当の機体に比べて，ECS を電動化したときにどの程度変化するかを示したものである。これによると，燃料消費率 sfc は減少している。一方で，電動化された ECS によるラム抵抗の増大があるので（10.1.1〔3〕項），巡航時揚抗比 $(L/D)_{cr}$ はブリード式に比べてわずかに減少している。しかし，燃料消費率の向上による利得が空気抵抗による損失を上回るために，結果として燃料重量 W_F は減少している。つぎに，運用空虚重量 W_{OE} も電動化により減少している。この理由については，以下のように説明できる。燃料重量の減少により最大離陸重量 W_{TO} も減少する。この W_{TO} の減少は機体性能にも影響し，設計結果では図 10.7 のように主翼面積 S が減少した。このため，運用空虚重量も減少したと説明できる。すなわち，2次動力システムの変更によって機体形状が変化し，それによって機体構造自体の重量が減少したことがわかる。このように，2次動力システムの変化や改良が，燃料重量や燃料消費率に直接的に影響するだけでなく，機体形状や構造重量にも副次的な影響を及ぼしている。

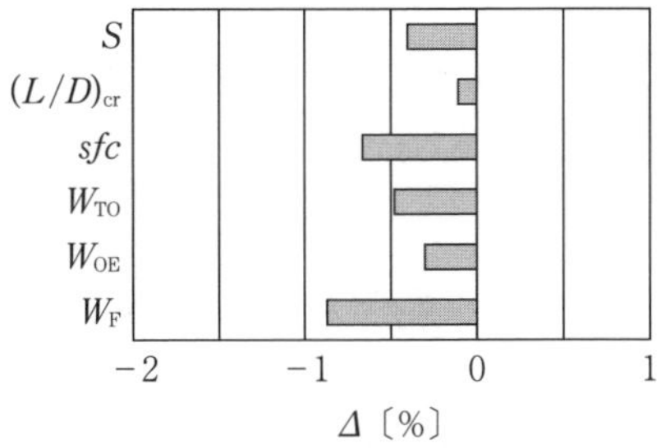

図 10.7　ECS の電動化が Boeing 777-200 クラス機体に与える影響（文献 11)，12) に基づいて作成）

以上のように，2次動力システムを考慮に入れた概念設計手法を用いることで，このような影響を定量的に見積もることが可能になる。参考までに文献 14) によると，Boeing 787 の ECS の電動化により，燃料は 3％程度削減される見込みで機体開発が行われたとされている。

なお，ここでは簡便な2次動力システムのモデルが検討に用いられた。実際の機体設計に当たっては，2次動力システムの変更に伴うほかのシステムへの影響（例えば，電源関係の追加装備に伴うさまざまな機器重量の変化）などを考える必要があること，またここで見られたような効果は，使用した2次動力システムのモデル精度に大きく依存することに十分注意しなければならないことを追記しておく。

10.2.4　層流制御システムを取り入れた航空機に対する適用

最後に，航空機の飛行中に働く摩擦抵抗を減らし，燃料消費を削減する技術として**層流制御技術**があり，今後の実用化が期待されている。これは，翼表面に微小な孔を多数開けて翼表面に発達する乱流境界層をその孔から吸い込むことで，境界層の特性を変化させ，なるべく広い領域で層流境界層に保とうとする技術であり，環境適合性を向上させる技術として注目されている。これを実現するためには，機体内に設置した専用の吸込みポンプを作動させ，翼表面から境界層を吸い込む装置が必要になる。また，この装置の追加により，機体重量が増すことになる。この装置を作動させるためには，エンジンからのブリードエア，あるいは発電された電力を得る必要がある。このように，層流制御技術を実現するためには，装置付加に伴う機体重量の増大，エンジンからのブリードエアあるいはパワーオフテイクの取得，空気抵抗の減少といった三つの要素が深く関係している。この状況は，本節で説明してきた2次動力システムの場合と同様である。そこで，本節と同様な手法で，この層流制御技術が機体概念設計結果に及ぼす影響についての検討結果が文献15)で報告されている。この文献では，層流制御により抵抗が低減され，燃料消費率は低下する結果が得られたものの，吸込みポンプの駆動に必要なパワーオフテイクの増大がこの効果を打ち消す方向に働くことが定量的に示された。層流制御を行うことによる燃費改善と，層流制御のための装備の追加による燃費低下の相反する影響について，本節と同様な概念設計手法を用いることで整理することが可能になっている。

コーヒーブレイク

機体開発に関わる航空機産業の構成

本書で扱ってきた航空機の設計開発は，機体開発メーカーが単独で行うことはできない。この機体開発に関わる航空機産業について，本書最後となるコーヒーブレイクでまとめておきたい。

図1は，文献1)，2）に基づいて航空機産業の構成を図示したものである。航空機産業に関わる企業は，航空機の全機開発メーカー（**OEM**，original equipment manufacturer）を頂点とするピラミッド状に配置される。OEMの下には，直接OEMと取引きして製品を納入する企業があり，これを**Tier 1**（ティアワン，1次下請）と呼ぶ。Tier 1には，例えば機体構造部品を製造するメーカー，あるいは内装品，航法機器や降着装置を製造する航空機の装備品メーカーなどが含まれる。Tier 1の下には，Tier 1へ部品を納入する企業があり，これは**Tier 2**（ティアツー，2次下請）と呼ばれる。それ以外には素材や原材料を供給する素材メーカーもこのピラミッドの一部を構成している。このように，航空機産業は，複層の部品や製品を供給する流れ（**サプライチェーン**）で構成されている。また，エンジンについても，エンジンを完成させるエンジンメーカーの下に，同様なピラミッド構造が構成されている（図1右側）。エンジンメーカーが製造したエンジンはOEMに納入される。

近年，Tier 1を構成していた複数の装備品メーカーが合併と買収を経ることで，一つの巨大な装備品メーカーが誕生してきている。このメーカーのことは

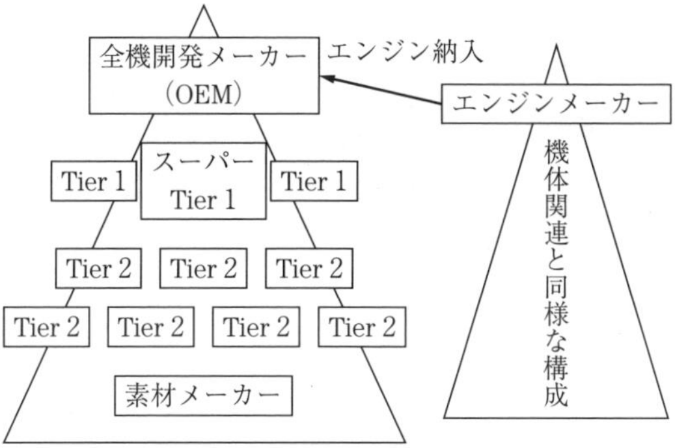

図1　航空機産業の構成

スーパー Tier 1 と呼ばれる。スーパー Tier 1 は，多くの異なる OEM とも直接取引きすることで，航空機開発に対する影響力を強めてきている。

ところで，航空機の機体規模別の価格のおおよそについては，*12* 章のコーヒーブレイクにおいて述べたとおりである。ここでは，航空機の各構成要素が機体価値（価格ではない）の中でどの程度の割合であるかを見てみたい。文献 1）および 3）で示された経済産業省製造産業局航空機武器宇宙産業課作成の資料に基づくと，**航空機の価値構成**はおおよそつぎのとおりになるという。すなわち，機体メーカーが製造を担当する胴体と翼などの機体構造部位は 35 %弱，エンジンは 25 %程度であり，残りの 40 %程度は電気系統，機器，降着装置などの航空機装備品で構成されている。容積的には，その大部分を占める機体構造よりも高い割合の価値を装備品が有していることがわかる。II 部や III 部で述べた航空機電動化の流れとも併せて，航空機産業にとって装備品の重要度がますます上がっていくといえる。

付録 A

機体に働く揚力と抵抗の推算方法

ここでは，4 章で行う全機空力特性の推算に必要な揚力と抵抗推算の手法を遷音速ジェット旅客機をおもな対象として，かつ軽飛行機のようなプロペラ機に関する説明も含めて述べる。その概要は，*10* 章で述べたとおりであるが，以下では，おもに文献 1）での説明の流れに基づき，ほかの文献も参照した詳細な推算方法をまとめておく。超音速航空機に関しては本付録で詳細は述べないが，この機体特有の事象については，該当箇所ごとにできるだけ参考となる文献を引用しておく。付録 C において，超音速航空機を除いて，軽飛行機のようなプロペラ機から遷音速ジェット旅客機までの機体に関して，機体に働く揚力と抵抗を推算できる空力特性推算支援ツールについて説明する。

A.1　巡航時揚力の推算（*10.1* 節）

巡航状態における設計機体の**揚力係数-迎角曲線**（C_L-α curve）を描く作業を行う。

A.1.1　揚力傾斜と零揚力角の見積り（*10.1.1* 項）

後退角を有する翼で，比較的高い亜音速で飛行する場合の**揚力傾斜**は，揚力線理論より求められる（文献 2），p.264）。この揚力線理論に基づいた推算式に胴体を回り込む流れの影響により揚力変化が生じる影響（F）も考慮に入れた式 (A.1) がある（文献 1），p.266）。この式で求められた揚力傾斜は抵抗発散マッハ数付近まで用いることができる。

$$C_{L\alpha}=\frac{2\pi \mathit{AR}}{2+\sqrt{4+\dfrac{\mathit{AR}^2\beta^2}{\eta^2}\left(1+\dfrac{\tan^2\Lambda}{\beta^2}\right)}}\left(\frac{S_{\mathrm{exposed}}}{S_{\mathrm{ref}}}\right)(F) \tag{A.1}$$

ここに，$\beta^2=1-M^2$ であり，η は実際の２次元翼型の揚力傾斜の理論値に対する比を表す係数で，通常 $\eta\simeq 0.95$ とする。S_{exposed} は胴体外露出主翼面積（図 *9.3*），S_{ref} は設計基準主翼面積，$F=1.07(1+d/b)^2$　（d：胴体直径，b：主翼スパン長）である。

超音速飛行の場合の揚力傾斜は，超音速翼理論に基づいて推算できる。設計機体の平面形に適合した，より具体的な揚力傾斜の値を知るためには，**DATCOM**（USAF Stability and Control DATCOM，文献 3），4.1.3.2 項あるいはこれを引用している文献 1），p.267 や文献 4），p.253）によって推算できる。DATCOM から得られた揚力傾斜の値に式（A.1）と同様に $(S_{\mathrm{exposed}}/S_{\mathrm{ref}})(F)$ を掛け合わせる。

抵抗発散マッハ数以上の遷音速飛行における揚力傾斜を概念設計段階で簡便に算出する方法はなく，図 *10.2* に示したように，横軸にマッハ数，縦軸に揚力傾斜をとった図上で，亜音速（$M=0.85$ まで）と超音速飛行時（$M=1.2$ 以上）の揚力傾斜曲線の間を滑らかにつなぐことで代用する（文献 1），p.267）。なお，翼の厚み比によっては，後縁付近で発生する衝撃波が翼上面で最初に発生するのか，あるいは翼下面でも発生するのかによって揚力傾斜は複雑な変化を遷音速域で起こす（文献 5），p.229）。

また，**零揚力角** α_{0L} は，使用を想定している２次元翼型のデータにより代用する。

A.1.2　最大揚力係数の見積りと揚力曲線の描画 （*10.1.2* 項）

前著でも述べたとおり，軽飛行機程度の性能の主翼では，フラップなしのクリーン形態での**最大揚力係数** $C_{L\max}$ は，２次元翼型の最大揚力係数 $C_{l\max}$ と 25 %翼弦長における後退角 $\Lambda_{0.25C}$ のとき

$$C_{L\max}=0.9C_{l\max}\cos\Lambda_{0.25C} \tag{A.2}$$

でほぼ求められる（文献 1)，p.270)。なお，文献 3)，4.1.3.4 項の図 4.1.3.4-21a に式 (A.2) の変化の傾向を示した図が示されている。

使用する翼型の断面形状の違いが失速特性へ及ぼす影響を考慮に入れるには，前項同様，DATCOM の方法を用いる（文献 3)，4.1.3.4 項，あるいはこれを引用している文献 1)，pp.270 ～ 275 や文献 4)，p.256)。この方法では，翼型前縁形状に着目する。前縁半径が小さい翼型（すなわち，前縁が尖っている翼型）を比較的低いアスペクト比の翼に用いると，*15.1.2* 項で述べたように高い迎角では翼前縁に前縁剝離渦を生じ，この内部の圧力が周囲に比べて低いために，翼の揚力を増大させるとともに，失速を遅らせる効果がある。これに伴って翼の最大揚力が増大することになる。DATCOM では，この効果を見積もるために**翼型前縁 sharpness パラメータ Δy** を導入している。Δy は，前縁から翼弦長の 1.5 %位置と 6 %位置における，翼弦長線から翼上面までの高さの差を翼弦長に対する％表示で表したものとして定義される。なお，文献 3)，2.2.1 項より NACA 翼型では，Δy は翼の厚み比 t/c に比例し，その比例定数は NACA 4 桁翼と 5 桁翼では 26，NACA 層流翼型の 63 シリーズでは 22，64 シリーズでは 21.3，そして 65 シリーズでは 19.3 になる。例えば，NACA64009 翼型では，$\Delta y=21.3\times0.09=1.9$ である。後退角を持つ翼の場合は，主流方向の翼断面で Δy を求める。

このとき，最大揚力係数 $C_{L\max}$ は，文献 3)，4.1.3.4 項の式を基にすると低マッハ数において式 (A.3) で表される。

$$C_{L\max}=C_{l\max}\left(\frac{C_{L\max}}{C_{l\max}}\right) \tag{A.3}$$

ここに，$C_{L\max}/C_{l\max}$ は**図 A.1** より前縁後退角 Λ_{LE} と Δy を用いて求められる 3 次元効果を補正する係数である。図 A.1 は，文献 3)，4.1.3.4 項を参考にして，文献 6) 記載のねじり下げなし，一定の翼型断面，直線テーパーを有する翼に関する実験データ集（マッハ数 0.2 ～ 0.38，レイノルズ数 6 ～ 18×10^6）を基に整理して描いた図である。異なる Δy と後退角を有する 3 次元翼の

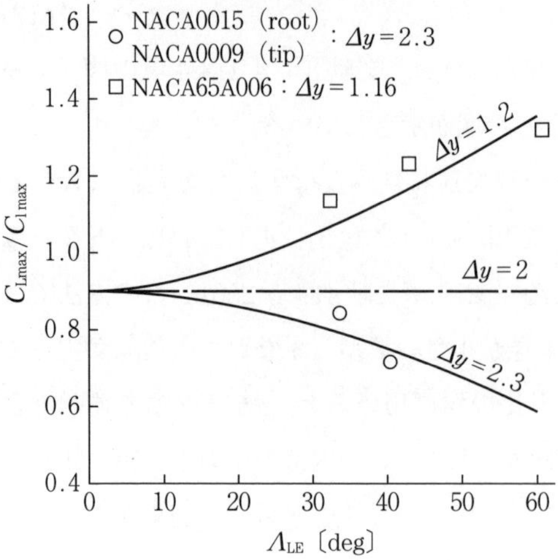

図 A.1　最大揚力係数の 3 次元効果補正

最大揚力係数を同じ 3 次元翼（ただし，後退角は 0 deg）の最大揚力係数で割り，かつ式 (A.2) に従ってさらに 0.9 倍することで $C_{\mathrm{Lmax}}/C_{\mathrm{l\,max}}$ を求めている。また，翼端失速に留意するため，翼端側の翼型を優先して Δy の値を求めている。この図より読み取れるように，翼の前縁が丸みを増す（Δy が増加する）につれて C_{Lmax} の値が減少していく効果を含んでいる。逆に，前縁の丸みが小さい翼については，後退角を増していくと前縁剥離を起こすことで 2 次元翼の場合よりも揚力が高くなる効果を示している（**前縁剥離渦**，文献 5)，p.255)。なお，図 A.1 は限られた実験データを基に筆者が描いた図であるため，C_{Lmax} の参考値を推算する程度のために用いていただきたい。実際の設計作業の際には，より多くのデータを包括的に整理して描いた文献 3)，4.1.3.4 項記載の同様な図（前述のように文献 1）や文献 4）にも掲載されている）を活用するとよい。

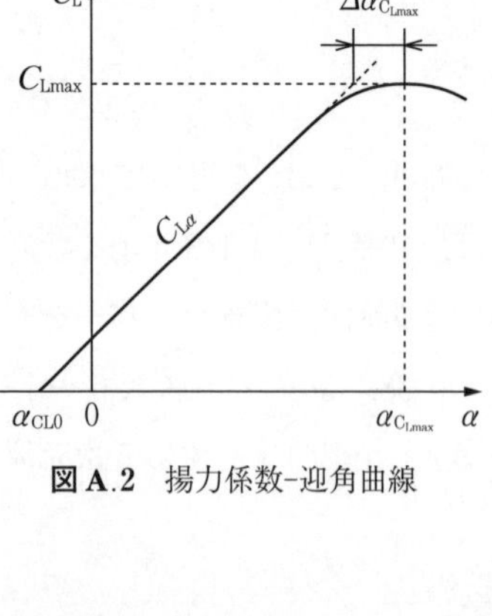

図 A.2　揚力係数–迎角曲線

一般に**最大揚力を達成する迎角** $\alpha_{C_{\mathrm{Lmax}}}$ は，**図 A.2** に示すように，失速するまで揚力が直線的に増大すると仮定したときに得られる値よりも高い値である。この差を $\varDelta\alpha_{C_{Lmax}}$ と表すと，$\alpha_{C_{Lmax}}$ は式 (A.4) で表される。

$$\alpha_{C_{Lmax}} = \frac{C_{Lmax}}{C_{L\alpha}} + \alpha_{0L} + \varDelta\alpha_{C_{Lmax}} \tag{A.4}$$

ここに，右辺第 3 項の $\varDelta\alpha_{C_{Lmax}}$ は**図 A.3**（文献 5)，pp.150 ～ 152 掲載のデータおよび以下の実験データを利用して筆者が整理し直した。その際，文献 3)，4.1.3.4 項を参考にした）に示すように $\varLambda_{LE}$ と $\varDelta y$ を用いて $\varDelta\alpha_{C_{Lmax}}$ は求められる。図 A.3 を描くために使用したデータならびにそれらの出典は**表 A.1** 記載のとおりである。ところで，後退角 0 deg の場合，つまり 2 次元翼型では，**後**

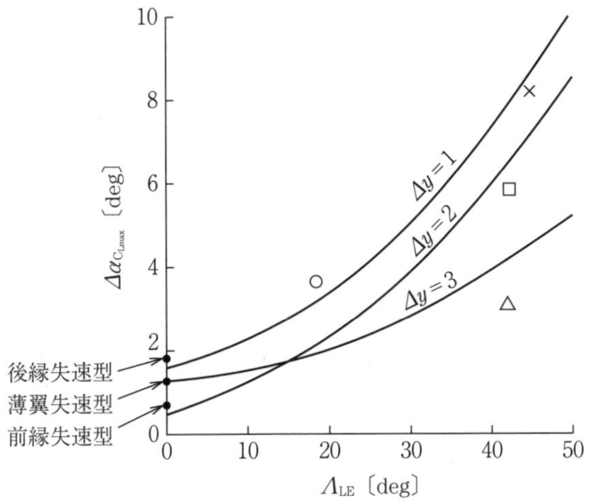

図 A.3　最大揚力を達成する迎角

表 A.1　図 A.3 作成のために用いたデータ

翼　型	レイノルズ数	マッハ数	$\varLambda_{LE}$〔deg〕	$\varDelta\alpha_{C_{Lmax}}$〔deg〕	$\varDelta y$	文　献	図 A.3 記号
NACA63_1-012	5.8×10^6	0.17	0	0.7	2.64	5)（前縁失速型）	•
NACA64A-006	5.8×10^6	0.17	0	1.25	1.28	5)（薄翼失速型）	•
NACA63_3-018	5.8×10^6	0.17	0	1.74	3.96	5)（後縁失速型）	•
NACA64_1-112	2.0×10^6	0.2	42	5.9	2.55	NACA RM L9K03	□
NACA0011	2.0×10^6	0.25	42	3.1	3.2	NACA RM A54F18	△
NACA63A-004	1.4×10^6	0.6	18.5	3.6	0.88	NACA TN 3529	○
NACA65A-006	3.0×10^6	0.2	45	8.2	1.16	NACA RM L50F16	×

縁失速型**，**前縁失速型**，**薄翼失速型**の異なる**失速特性**を示すことは*5.2.2*項で述べたとおりである。後縁失速型は翼が厚いためΔyの値は一般的に大きな値を示す。また，迎角増大につれて後縁から剥離を生じるため，ゆるやかな失速を起こすので，$\Delta\alpha_{C_{L\max}}$は比較的大きな値を示す（図A.3ではNACA63$_3$-018を例にとった）。前縁失速型は，前縁付近に発生する層流剥離泡の一種である**short bubble**がある迎角で突然崩壊することによって生じ，このとき翼は急激な失速を起こす。そのため$\Delta\alpha_{C_{L\max}}$は3種の失速型の中で一番小さい値を示す（図A.3ではNACA63$_1$-012を例にとった）。薄翼失速は比較的薄い翼の場合に起こり，Δyの値は3種の失速型の中で一番小さな値となる。迎角増大につれて，前縁付近に生じたshort bubbleが崩壊した後に翼面上で**long bubble**として再付着するため，その段階で急激な失速を起こさず，迎角を引き続き増大させても引き続き揚力は増大していく。その後ゆるやかな失速を生じるため，$\Delta\alpha_{C_{L\max}}$は前縁失速型よりは大きな値を示す（図A.3ではNACA64A-006を例にとった）。すなわち，3種の失速型では，$\Delta\alpha_{C_{L\max}}$の大小とΔyの大小の関係が対応していない（具体的な数値は表A.1参照）。

一方，後退角が大きくなると，図A.3で示したように，前縁で剥離した流れが前縁剥離渦を生成する。高い迎角でもこの渦が維持されるため，失速迎角は高い値を示す。前縁が鋭い（Δyが小さい）場合に，その効果は高まる。以上の理由で後退角が小さい場合と大きい場合では，流れの挙動が大きく異なり，Δy一定の曲線を図A.3のような$\Delta\alpha_{C_{L\max}}$-Λ_{LE}曲線上に描くと，たがいに交差する場合がある。なお，図A.3は図A.1と同じく限られた実験データを基に描いた図であるため，$\Delta\alpha_{C_{L\max}}$の参考値を推算する程度のために用いていただきたい。実際の設計作業の際には，図A.3で説明した文献3）あるいは文献1），4）を活用するとよい。

ここで紹介した手法は，旅客機のような比較的アスペクト比の高い翼平面形の場合に適用可能である。超音速航空機のようなアスペクト比が低い主翼の場合は，文献3），4.1.3.4項あるいはそれを引用している文献1），pp.273～275を参照されたい。

ところで，遷音速で巡航するジェット機に用いられるスーパークリティカル翼型（超臨界翼型）は，*5.4.1* 項で述べたように，詳細な空力データがほとんど公開されていないため，ジェット旅客機などを概念設計する際には，NACA 翼型の類似翼と同程度の $C_{l\,\max}$ 特性であると仮定することになる。ただし，初期のスーパークリティカル翼型の断面座標や抵抗発散マッハ数などのデータについては文献 7）を参考にするとよい。

A.2 高揚力装置使用時の揚力推算（*10.2* 節）

離陸時と着陸時に高揚力装置を用いた場合の揚力係数-迎角曲線を描く作業を行う。後縁フラップに加えて前縁フラップ（スラット）を併用している場合を考える。本節は，*10.2* 節の表 *10.2* 内に示した推算法を基にする。

A.2.1 後縁フラップ（*10.2.1* 項）

主翼の内翼側**後縁フラップ**と外翼側後縁フラップが別個にある場合を考える（**図 A.4**）。本項の末尾で述べるように，内翼側と外翼側の揚力増大を別々に推算して，その和を求める。

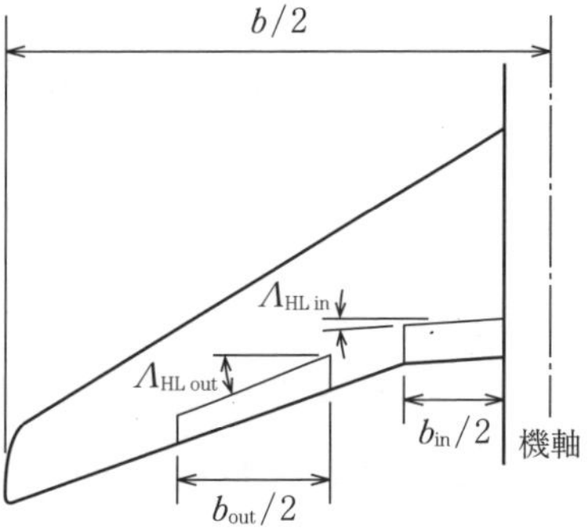

図 A.4　内翼側，外翼側後縁フラップの配置

内翼側あるいは外翼側後縁フラップ単独でまず考える。文献 3），6.1.4.3 項にフラップ付き 2 次元翼の空力特性を使って，後退角を有する 3 次元翼の空力特性を求める方法が示されている。表 *10.2* は，文献 3）のこの方法をより簡易にした文献 1），p.279）に基づく方法をまとめており，フラップ付き主翼の最大揚力増大量と零揚力角の変化量は，それぞれ

$$\Delta C_{\mathrm{Lmax}} = \Delta C_{\mathrm{l\,max}} \left(\frac{S_{\mathrm{flapped}}}{S_{\mathrm{ref}}} \right) \cos \Lambda_{\mathrm{HL}} \tag{A.5}$$

$$\Delta \alpha_{\mathrm{0L}} = \Delta \alpha_{\mathrm{0Lairfoil}} \left(\frac{S_{\mathrm{flapped}}}{S_{\mathrm{ref}}} \right) \cos \Lambda_{\mathrm{HL}} \tag{A.6}$$

と表される。ここで，フラップ付き 2 次元翼の最大揚力の増大量 $\Delta C_{\mathrm{l\,max}}$，後縁フラップ付き 2 次元翼の零揚力角の変化 $\Delta \alpha_{\mathrm{0Lairfoil}}$，フラップヒンジラインにおける後退角 Λ_{HL}，フラップおよびその前方の主翼部分の面積の総和と設計基準主翼面積の比 $S_{\mathrm{flapped}}/S_{\mathrm{ref}}$（**図 A.5**）である。

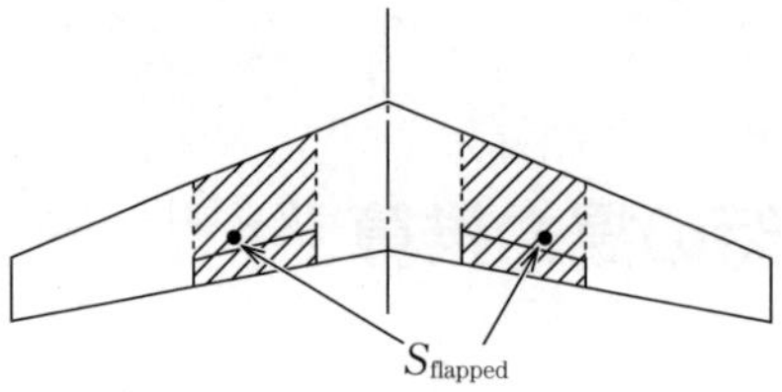

図 A.5　フラップおよびその前方の主翼部分の面積の総和 S_{flapped}

フラップ付き 2 次元翼の最大揚力の増大量 $\Delta C_{\mathrm{l\,max}}$ は，風洞実験などのデータを用いることになり，文献 5)，p.225 に各種後縁フラップの特性がまとめられており，それが参考になる。ここでは，同様なデータを簡便にまとめて，目安としての値が示されている文献 1)，p.279 のデータを用いる。すなわち，**プレーンフラップ**では $\Delta C_{\mathrm{l\,max}} = 0.9$，**スロッテッドフラップ**では $\Delta C_{\mathrm{l\,max}} = 1.3$，**ファウラーフラップ**では $\Delta C_{\mathrm{l\,max}} = 1.3\,c'/c$，**ダブルスロッテッドフラップ**では $\Delta C_{\mathrm{l\,max}} = 1.6\,c'/c$ である。ここに，c'/c はフラップを下ろすことによる翼弦長の変化である。これらの値と式 (A.5) より着陸時最大揚力増大量 $\Delta C_{\mathrm{Lmax\,L}}$ を求める。離陸時最大揚力増大量 $\Delta C_{\mathrm{Lmax\,TO}}$ は，着陸時の揚力増大量の 60 % とする。

つぎに，後縁フラップ付き 2 次元翼の零揚力角の変化を表 *10.2* より着陸時で $\Delta \alpha_{\mathrm{0Lairfoil\,L}} = -15$ deg，離陸時で $\Delta \alpha_{\mathrm{0Lairfoil\,TO}} = -10$ deg とすることで，着陸時と離陸時の零揚力角の変化量 $\Delta \alpha_{\mathrm{0L}}$ を，式 (A.6) より求める。

外翼側後縁フラップについても同様にして求める。そして，全機後縁フラップの特性については，内翼側と外翼側のフラップの両者の影響を加味するために，最大揚力係数の増大量 ΔC_{Lmax} ならびに零揚力角の変化量 $\Delta \alpha_{\mathrm{0L}}$ について両者の和をとればよい。

なお，ファウラーフラップのように，フラップを下ろしたときに翼弦長が伸びるフラップ形式では，揚力傾斜が式 (A.7) のように翼弦長の伸びに比例して増大する[8)]。

$$\frac{d\Delta C_{\mathrm{L}}}{d\alpha}=C_{\mathrm{L}}\left(\frac{c'}{c}-1\right) \tag{A.7}$$

このような場合には，式 (A.7) を用いて揚力傾斜の増分を元の翼の揚力傾斜に足し合わせる。

A.2.2　前縁フラップと揚力曲線の描画 (10.2.2 項)

前縁フラップとしては**スラット**を用いることとする。最大揚力係数の増大量を $\Delta C_{\mathrm{Lmax\ SLAT}}$ と書くこととしたとき，スラットの弦長 C_{s} を翼弦長 C の 12 % 程度とすれば，表 *10.2* より

$$\Delta C_{\mathrm{Lmax\ SLAT}} \approx 3.3 C_{\mathrm{s}}/C \tag{A.8}$$

である（文献 8）あるいは文献 5)，p.223)。このスラットによる揚力の増大を前項で求めた後縁フラップの特性に加算する。最大揚力達成迎角を求めるための補正迎角 $\Delta\alpha_{C_{\mathrm{Lmax}}}$ は，A.1.2 項で求めた値を活用する。

以上より，高揚力装置を使用したときの離陸時および着陸時の揚力係数–迎角曲線を描くことができる。

A.3　抵　抗　推　算 (10.3 節)

10.3 節で述べたとおり，機体三面図を用いて有害抵抗と誘導抵抗について**抵抗推算**を行う。それぞれの推算方法の概略については，*10.3.1* 項と *10.3.2* 項で述べたが，具体的な推算を 4 章で行うために，その詳細について文献 1) をベースにして以下で説明する。本節では，遷音速までの速度域を飛行する機体を対象とする。超音速航空機については，必要に応じて簡単な説明と文献の紹介を行う。

A.3.1 有　害　抵　抗(*10.3.1* 項)

ここでは，**component buildup method** と呼ばれる機体各部ごと（主翼，胴体，尾翼など）の抵抗を見積もり，それを足し合わせる方法を用いる。このような抵抗を分解して足し合わせる方法を文献 1)，p.281 に従って以下にまとめる。なお，文献 4)，p.21 にも同様な考え方が説明されている。

機体を構成する各コンポーネントに働く摩擦抵抗 C_{fc} とそのコンポーネントの濡れ面積 $S_{wet\,c}$ を掛け合わせ，すべてのコンポーネントの和を基準翼面積 S_{ref} で無次元化して求める。このとき，形状抗力（剥離に伴う圧力抵抗の増大など）の影響を加味した形状係数 FF とコンポーネントがたがいに干渉し合う影響を加味した干渉係数 Q を用いて補正も行う。その他に，脚やフラップによる抵抗増大の項（雑抵抗，miscellaneous drag，C_{Dmisc}）と空気の漏れや突起物（アンテナなど）の影響を加味する項（空気漏れ・突起物抵抗，leakage and protuberances drag，$C_{DL\&P}$）も加える。

よって，亜音速では

$$\text{式}\,(\mathit{10.1}):(C_{D0})_{\mathrm{Subsonic}}=\frac{\sum_{c}(C_{fc}FF_{c}Q_{c}S_{wet\,c})}{S_{ref}}+C_{Dmisc}+C_{DL\&P} \qquad (\mathrm{A.9})$$

と書ける（添え字 c は各コンポーネントを意味する）。超音速では，圧力抵抗は造波抵抗 C_{Dwave} の項に入れられるため $Q=FF=1$ とする。

$$\text{式}\,(\mathit{10.2}):(C_{D0})_{\mathrm{Supersonic}}=\frac{\sum(C_{fc}S_{wet\,c})}{S_{ref}}+C_{Dmisc}+C_{DL\&P}+C_{Dwave} \qquad (\mathrm{A.10})$$

遷音速では，揚力傾斜の推算時と同様に亜音速と超音速の分布を使って内挿することになる。ただし，遷音速旅客機の抵抗推算に関しては，超音速の考慮をできるだけ行わない抵抗推算法を本節では紹介する。

以下では，式 (A.9)，(A.10) を構成する各係数の求め方について説明する。

〔1〕 摩擦抵抗 C_{fc}

平板に働く**摩擦抵抗**を考える。このときレイノルズ数 Re，マッハ数 M と表面粗さの違いによって影響を受ける。一般に，航空機の主翼では，前縁から 10 ～ 20%が層流，その後方はすべて乱流と考えてよい。胴体の場合は全面乱流とする。層流境界層の場合の摩擦抵抗 C_f は式 (A.11) から求める。

$$C_f=\frac{1.328}{\sqrt{Re}},\quad Re=\frac{\rho V l}{\mu} \tag{A.11}$$

ここに，l はレイノルズ数の代表長さであり，主翼では平均空力翼弦長，胴体では胴体長さをとる（この式は圧力勾配のない平板境界層に発達する層流境界層の理論に基づいている。文献 9)，p.140)。乱流境界層では

$$C_f=\frac{0.472}{(\log_{10}Re)^{2.58}(1+0.2M^2)^{0.467}} \tag{A.12}$$

なる “拡張 Frankl and Voishel 式” を用いる[10)]。

機体表面が荒れていると摩擦抵抗は増大する。この粗さの影響を加えるためにつぎの経験式で定義される**カットオフレイノルズ数** R_{cutoff} の考えを導入する。ここでは，文献 1)，pp.282 ～ 283 に示されている以下の式を活用する。

$$R_{\text{cutoff}}=38.21(l/k)^{1.053}\text{：亜音速の場合} \tag{A.13}$$

$$R_{\text{cutoff}}=44.62(l/k)^{1.053}M^{1.16}\text{：遷音速，超音速の場合} \tag{A.14}$$

ここに，k は**表面粗さ係数**（単位は〔ft〕）と呼び，滑らかに塗装された表面で $k=2.08\times10^{-5}$，磨き上げられた金属表面で $k=0.50\times10^{-5}$，複合材料で $k=0.17\times10^{-5}$ の値をとる（式 (A.13)，(A.14) では代表長さ l についても単位は〔ft〕を用いること)。そして，$R_{\text{cutoff}}<Re$ の場合は R_{cutoff} の値を式 (A.12) の Re に代入し，$R_{\text{cutoff}}>Re$ の場合はもともとの Re の値を式 (A.12) に代入すればよい。主翼のように層流と乱流の部位が混在する場合は，両者の面積の割合を使って C_f を求める。なお，カットオフレイノルズ数の考え方は文献 4)，pp.110 ～ 112 でも説明されている。

〔2〕 形状係数 *FF*

抵抗発散マッハ数まで成り立つ剥離に伴う圧力抵抗の増大などの影響を加味するための**形状係数** *FF* について述べる。まず，主翼や尾翼，あるいは翼断面形状を有するエンジンストラットやエンジンパイロンについては，文献 4)，p.23 に示された関係式に圧縮性と後退角の影響が加味された

$$FF=\left[1+\frac{0.6}{(x/c)_m}\left(\frac{t}{c}\right)+100\left(\frac{t}{c}\right)^4\right]\left[1.34M^{0.18}(\cos\Lambda_m)^{0.28}\right] \tag{A.15}$$

を用いる（文献1），p.283）。ここで，$(x/c)_{\mathrm{m}}$ は主翼の厚みが最大になる翼弦長位置であり，遷音速旅客機までは通常0.3程度である。Λ_{m} は最大厚み位置をスパン方向に結んだ位置での後退角である。なお，昇降舵や方向舵による影響を考えて，その場合は10％増しにする。

旅客機のように滑らかな操縦席キャノピー形態を有した胴体（文献4），p.44あるいは文献1），p.283）とエンジンナセル（文献1），p.283）は，それぞれ

$$FF=(1+60/f^3+f/400) \tag{A.16}$$

$$FF=1+(0.35/f) \tag{A.17}$$

であり，f は $A_{\max}$ を最大断面積とすると

$$f=\frac{l}{d}=\frac{l}{\sqrt{(4/\pi)A_{\max}}} \tag{A.18}$$

で表される（d は胴体直径）。

〔3〕 干渉係数 Q

コンポーネントがたがいに干渉し合う影響を加味するための**干渉係数** Q についてまとめる。なお，胴体については $Q=1.0$ とする。エンジンナセルと主翼に関して，文献1），p.284の値を以下に示す。同様なことは，文献11），pp.509～511でも説明されている。

まず，エンジンナセルについては，ナセルが主翼や胴体に直接取り付けられている場合は $Q=1.5$，ナセル直径と同じ長さ以内に取り付けられている場合は $Q=1.3$，さらにナセルが主翼や胴体から離れている場合は $Q=1.0$ とする。

主翼に関しては，高翼機や適切にフィレットが設計された低翼機の場合の主翼と胴体間の干渉係数は $Q=1.0$，フィレットが取り付けられていない低翼機では $Q=1.1$～1.4とする。

尾翼については，平均的に $Q=1.04$～1.05程度とすればよいが，交差面の少ないV字尾翼は少なめの1.03程度，二重垂直尾翼（*2.3.2*項）は高めの1.08程度とする（文献12），p.8.12）。

〔4〕 雑抵抗 C_{Dmisc}

脚やコックピット形状，フラップによる抵抗増大の項として**雑抵抗**(miscellaneous drag，C_{Dmisc}) がある。以下については，設計機体の該当する項目に関してのみ和を求め，それを C_{Dmisc} とすればよい。また，脚やフラップは飛行形態（離陸時ほか）によって使用状況が異なるので，それぞれの形態ごとに加算することになる。

（1） **降 着 装 置**　降着装置（前脚，主脚）については，文献 1)，p.286 を参照する。同様な考え方は文献 12)，pp.13-14 ～ 13-16 でも述べられている。ここでは，タイヤや脚ストラットそれぞれの部位について以下の式で無次元の抵抗係数を推算し，個数も加味したうえで，その総和を求める。

$$A\times\frac{\text{各部位の正面面積}}{\text{基準主翼面積}}\times 1.2\times 1.07$$

ここに，「正面面積」はすでに描いた機体三面図から読み取る。1.2 倍するのは各部位どうしの相互干渉の影響を加味するためであり，1.07 は脚扉開放の影響を加味する係数である。固定脚の場合は，最後の係数 1.07 は考慮する必要はない。係数 A については，該当する部位ごとにつぎに示す値を用いる。

標準的なタイヤ：$A=0.25$

直列に並んだ後方のタイヤ　$A=0.15$

フェアリング付きのタイヤ（固定脚の場合）：$A=0.13$

適度な厚みの流線型断面を有する脚ストラット：$A=0.05$

円筒断面の脚ストラット：$A=0.3$

板バネを利用した脚ストラット（固定脚の場合）：$A=1.40$

（2） **コックピット**　コックピット形状については，文献 1)，p.288 を参照する。同様なデータは文献 11)，pp.513 ～ 514 でも示されている。ここでは，旅客機のように空気抵抗増大を避けるための考慮が極力なされている場合は，以下の式より抵抗値を動圧で割った値 $(D/q)_{\mathrm{cockpit}}$ を求める（この値を基準翼面積で割れば抵抗係数が求まる）。

$$(D/q)_{\mathrm{cockpit}}=0.07\times\text{コックピット窓ガラス部分の正面面積}$$

空力設計が不十分なコックピットの場合は，次式を用いる。

$(D/q)_{\mathrm{cockpit}}=0.15\times$コックピット窓ガラス部分の正面面積

（3）**高揚力装置**　前縁スラットと後縁フラップによる抵抗係数の増大については，既存ジェット旅客機のデータを統計的に処理して求めた式（A.19）で算出する（文献13），p.244を基にして作成）。まず，前縁スラットの抵抗係数の増大$\Delta C_{\mathrm{D0slat}}$については，離陸時，着陸時共に抵抗が一定値だけ増大すると考え

$$\Delta C_{\mathrm{D0slat}}=0.006 \tag{A.19}$$

とする。

後縁フラップの抵抗係数の増分$\Delta C_{\mathrm{D0TEflap}}$についても同じ文献から，フラップの折り曲げ角度$\delta_{\mathrm{flap}}$〔deg〕の関数として整理し

$$\Delta C_{\mathrm{D0TEflap}}=-1.3\times10^{-4}\,\delta_{\mathrm{flap}}+3\times10^{-5}\,\delta_{\mathrm{flap}}{}^{2}+1\times10^{-7}\,\delta_{\mathrm{flap}}{}^{3} \tag{A.20}$$

を用いる。前縁スラットの影響と合わせて

$$\begin{aligned}\Delta C_{\mathrm{D0flap}}&=\Delta C_{\mathrm{D0flap}}+\Delta C_{\mathrm{D0TEflap}}\\&=0.006-1.3\times10^{-4}\,\delta_{\mathrm{flap}}+3\times10^{-5}\,\delta_{\mathrm{flap}}{}^{2}+1\times10^{-7}\,\delta_{\mathrm{flap}}{}^{3}\end{aligned} \tag{A.21}$$

となる。前縁スラットを用いない場合は，$\Delta C_{\mathrm{D0TEflap}}$のみを考慮すればよい。

ところで，式（A.20）の後縁フラップによる抵抗増には，フラップによる形状抵抗の増分とフラップと主翼間の干渉抵抗による増分が影響していると考えられる（文献4），pp.82～89）。また，式（A.20）は後縁フラップの舵角の違いのみに依存する簡便な式であるが，実際には後縁フラップの種類，フラップと主翼の翼弦長の比，ならびに主翼厚み比も影響する。これらの影響を考慮したい場合には文献8）（あるいは同文献を引用している文献5），pp.219～226や文献14），pp.9.23～9.24）が参考になる。

（4）**そ　の　他**　雑抵抗のその他の項目として，貨物機のように荷物の積卸しをするための貨物扉が胴体尾部に取り付けられた場合には，胴体後部が流線型ではなく切り立った形状になる場合がある（図*3.6*）。その場合は，胴体尾部から流れが剥離することで胴体に働く圧力抵抗が増す。これを**base drag**と呼ぶが，その値を推算する必要がある場合は，文献1），p.286を参照

する。通常の旅客機形態では base drag は考慮しなくてよい。

また，プロペラ機のピストンエンジンに関して，エンジンを空気で冷却する場合は，エンジン内を通過する気流による抵抗発生 $(D/q)_{\mathrm{cooling}}$，ならびにオイルクーラー，空気取入れ口や排気管で発生する雑抵抗 $(D/q)_{\mathrm{misc\text{-}piston\text{-}engine}}$ があり，それぞれエンジンの軸出力 bhp〔HP〕に比例するとして加算する（文献11），pp.515 ～ 516）。

$$(D/q)_{\mathrm{cooling}} = (4.5\times10^{-8})\,\frac{bhp\cdot T^2}{\sigma V}\ \mathrm{[m^2]} \tag{A.22}$$

$$(D/q)_{\mathrm{misc\text{-}piston\text{-}engine}} = (1.9\times10^{-5})\,bhp\ \mathrm{[m^2]} \tag{A.23}$$

ここに，T は気流の絶対温度〔K〕，V は飛行速度〔m/s〕，σ は密度比（*4.3.4* 項）である。

〔5〕 空気漏れ・突起物抵抗 $C_{\mathrm{DL\&P}}$

空気の漏れや突起物（アンテナ，ライトなど）の影響を加味する項として**空気漏れ・突起物抵抗**（leakage and protuberances drag，$C_{\mathrm{DL\&P}}$）がある。文献1），p.289 や文献11），p.152 に一つの目安が書かれており，ここでは前者に従う。空気の漏れとしては，高圧域にある機体表面に孔がある場合は，内部から空気が放出し，逆に低圧域にある孔は空気を吸い込むことになるが，いずれの場合も抵抗は増大する。空気の漏れと突起物の影響については詳細な推算はできないので，ジェット機の場合は全有害抵抗の 2 ～ 5 %を，プロペラ機の場合は 5 ～ 10 %を加算すればよい。

〔6〕 エンジン一発停止時のプロペラあるいはジェットエンジンが発生する抵抗

エンジン一発停止時は，プロペラあるいはジェットエンジンのファン部が風車のように空転して空気抵抗を発生する。そこで，FAR が要求する上昇性能を機体が満足しているかを確認する際に，この項を考慮に入れることとなる。ここでは文献1），p.289 を参照して述べる。なお，これらの影響については，文献4），pp.79 ～ 81 でも説明されている。

プロペラ付きエンジンが停止した場合に，回転を止めたプロペラが発生する抵抗は，プロペラを feather していないとき（停止したプロペラが風車のように多大な抵抗を発生しないようにプロペラピッチ角を変更することをfeatherするという）は，プロペラの正面面積を基準とする抵抗係数を0.8，featherしているときは0.1とする。

一方，ジェットエンジンが停止したときは，プロペラと同様に停止したエンジンが抵抗を発生する。そこで，エンジンの空気取入れ口の正面面積（エンジンファンの直径を基に算出する）を基準とする抵抗係数を0.3とする。

なお，エンジン一発停止状態で抵抗推算する場合には，これらの影響を本節で推算している有害抵抗に加味する。さらに，エンジン一発停止状態では，方向舵を切った非対称状態での飛行となるため，それによる抵抗増大の影響も加えなければならない。これらの影響は，求められた全機のparasite dragに5％上乗せして表す（文献15），p.176）。

〔7〕 遷音速における造波抵抗（その1：抵抗発散マッハ数）

遷音速における空力特性を推定することが困難であることは，A.1節でも述べたとおりである。実際の機体開発の際には，風洞実験やCFD解析によって遷音速空力特性を調べることや，過去に機体開発を行ってきた機体メーカーの場合には実機データを整理して得た統計データが活用される。以下で紹介する遷音速における抵抗推算法は，これらの手法に比べると抵抗の大きさの程度を知る程度にしか使えない（あくまでも本書レベルの概念設計法にのみ使える）手法であることを，説明に先立って述べておく。

遷音速での抵抗推算のために重要となる**抵抗発散マッハ数**（drag divergent mach number，M_{DD}，*5.4.1*項）の定義は*10.3.1*項でも述べたように，米ボーイング社と旧ダグラス社では異なっていた。本書では原則として，米ボーイング社の定義，すなわちM_{DD}として抵抗係数が0.002 0だけ増大したマッハ数を用いる。これは，**臨界マッハ数**M_{cr}（*5.4.1*項，翼面上で局所的に1か所でも流速が音速を超えるときのマッハ数のこと）に0.08を加えたマッハ数におおよそ等しい。旧ダグラス社の定義による抵抗発散マッハ数$M_{DD_Douglas}$は，ボーイング社のM_{DD_Boeing}に0.06加えた値になる。なお，抵抗係数0.000 1を「1カウント（count）」という単位で呼び，0.002 0は20カウントとなる。

M_{DD} を求めるために，文献 16）による実験データから構築された半経験的に主翼の抵抗発散マッハ数（ただし，旧ダグラス社による定義）を推算する方法を用いる。これは，NACA64A または 65A シリーズの層流翼型の実験結果を基にして構築されている。ここで，主翼の抵抗発散マッハ数 $M_{DD_wing_Douglas}$ は式 (A.24) で求められる。

$$M_{DD_wing_Douglas} = 0.828 + \Delta M_{DD}\{\mathit{AR},\ \Lambda_{c/4}\} + 1.375(0.08 - (t/c)_m)\cos\Lambda_{c/4} - C_L[0.05 + K\{\Lambda_{c/4}\}((t/c)_m - 0.04)] - 0.05C_{ldesign} \tag{A.24}$$

ここに，$\Delta M_{DD}\{\mathit{AR},\ \Lambda_{c/4}\}$ は主翼アスペクト比 AR と 25 %翼弦長位置の後退角 $\Lambda_{c/4}$ から**図 A.6**（文献 16）に基づいて作成）を用いて定まる値である。$C_{ldesign}$ は翼型の設計揚力係数，$(t/c)_m$ は翼の厚み比の平均値である。$K\{\Lambda_{c/4}\}$ は $\Lambda_{c/4}$〔deg〕を変数として，式 (A.25) から定まる値である（文献 16）掲載の図を基にして定式化した）。

$$K\{\Lambda_{c/4}\} = 0.000\,1\Lambda_{c/4}{}^2 - 0.001\,65\Lambda_{c/4} + 0.553\,3 \tag{A.25}$$

上述の式 (A.24) を遷音速旅客機のようにスーパークリティカル翼型を用いる主翼に適用する場合は，一般の翼型よりも抵抗発散が遅れることを考慮に入れて，翼の厚み比に 0.6 掛けた値を式 (A.24) 内の $(t/c)_m$ に用いることとする（文献 1），p.295 を参考にした）。最後に，旧ダグラス社とボーイング社の定義の違いに注意して

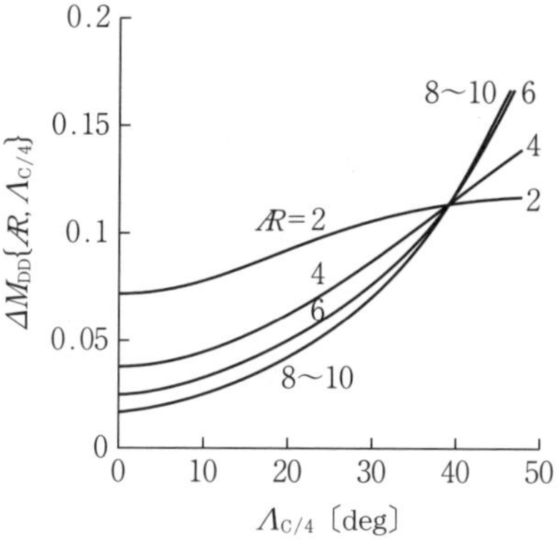

図 A.6　抵抗発散マッハ数に対する後退角とアスペクト比の影響（文献 16）に基づいて作成）

$$M_{DD_wing_Boeing} = M_{DD_wing_Douglas} - 0.06 \tag{A.26}$$

より主翼の $M_{DD_wing_Boeing}$ を求め，これを M_{DD_wing} とする。

ところで，ここまでは主翼の抵抗発散について考えていたが，胴体先端部の形状によっては主翼よりも先に（より低いマッハ数で）抵抗発散を起こす可能性がある。**図A.7**（文献17）に基づいて作成）はその影響を知るための図であり，超音速航空機に近い鋭い先端を有した軸対称物体形状について，その物体の M_{DD} を推定することができる。なお，横軸の l_n は胴体先端部から胴体直径が一定になる部分までの長さであり，d は胴体直径である。遷音速旅客機に用いられる鈍い先端を有した形状の場合には，M_{DD} はさらに低下する。文献1)，p.295より亜・遷音速機形状では超音速機形態よりも M_{DD} は少なくとも10％低下すると判断する（厳密には M_{DD} の定義は文献17）とボーイング社によるそれとは異なっているが，ここでは同等として推算を進める）。図A.7より得られる胴体の M_{DD_body} と先に求めた主翼の M_{DD_wing} のうちで小さいほうの値を設計機体の M_{DD} として用いればよい。そして最終的に

$$M_{cr} = M_{DD} - 0.08 \tag{A.27}$$

より臨界マッハ数 M_{cr} を求める。

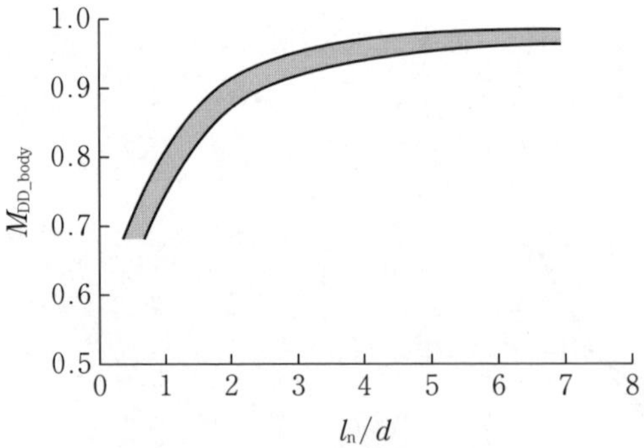

図A.7　超音速機形状胴体の抵抗発散マッハ数（文献17）に基づいて作成）

〔8〕　遷音速における造波抵抗（その2：遷音速旅客機の造波抵抗の変化）

ここでは，遷音速旅客機の場合に抵抗発散マッハ数よりも高い遷音速域で機体に働く造波抵抗の変化を推算する方法について述べる。

文献 18)，19)，pp.46 ～ 49 によると，半経験的に得られた抵抗発散による抵抗係数の増大の分布形状は式 (A.28) で表される。

$$C_D = A_{DD}(M - M_{cr})^4, \qquad A_{DD} = 20 \tag{A.28}$$

この式を用いることで，抵抗発散後の遷音速旅客機の造波抵抗を知ることができる。なお，式 (A.28) は，厚み比が 4 ～ 12 %の楕円体に関する推算結果を基にして翼型に代用したものである。また，式 (A.28) は近似式であるため，〔7〕項で述べた M_{cr}，$M_{DD_wing_Boeing}$ と $M_{DD_wing_Douglas}$ 間の大きさの関係を正確には満たしていない。

実機の抵抗発散の一例は，フライトシミュレータに用いるために公開されている Boeing 747-100 の遷音速飛行時の抵抗係数（文献 20)，p.3.09，または文献 21)，pp.254 ～ 257）から様子を知ることができる。このデータを，本節で紹介した造波抵抗推算方法（臨界マッハ数は式 (A.27)，抵抗発散後の抵抗係数の変化は式 (A.28)）で得られる値と比較してみる。推算に当たって，以下の数値，仮定を用いた。式 (A.24) 中の翼型の平均厚み比は文献 22）記載のデータから得られた $(t/c)_m = 0.094$ の値を用いた。Boeing 747-100 は現在多くの旅客機で用いられている性能の高いスーパークリティカル翼型は用いられていないが，遷音速飛行を考慮に入れた翼型が用いられているとして厚み比を 0.6 倍した。翼型の設計揚力係数 $C_{ldesign}$ は巡航時の揚力係数相当とし，造波抵抗以外の有害抵抗と誘導抵抗の値は文献 20）のマッハ数 0.7 における値に合わせた。また，胴体の抵抗発散マッハ数は主翼のそれと同程度あるいはそれ以上と考えて，主翼の抵抗発散マッハ数を式 (A.27) によって臨界マッハ数を算出するために用いた。以上の条件の下で推算した結果と実機データを比較するために，揚力係数 0.4，0.5，0.6 における抵抗係数のマッハ数に対する分布を**図 A.8** に示す（推算モデルの結果は，臨界マッハ数以上のマッハ数における分布のみを示した）。

ところで，以上の結果は比較的旧式の遷音速旅客機などに関するデータを用いてモデル化を行っているため，遷音速飛行時の空力特性を高めた最新鋭の航空機を概念設計する際には，式 (A.28) 内の比例係数 A_{DD} を変化させることも

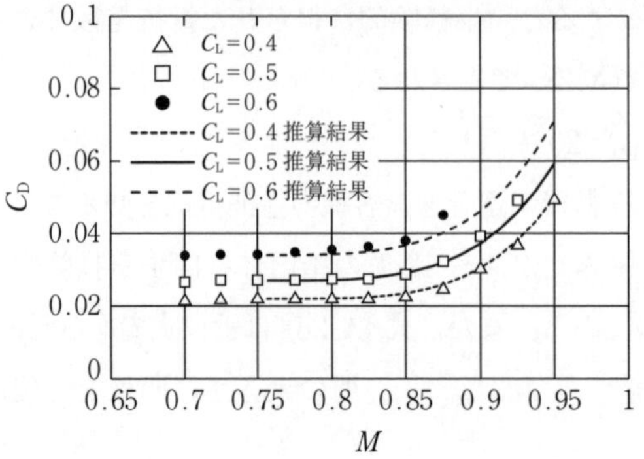

図 A.8　Boeing 747-100 の抵抗発散の様子（機体データと推算結果の比較，$A_{DD}=20$）

検討されたい。その際，文献 23)，24 章には，Boeing 737-800，Airbus A320-200 などの遷音速域における主翼の抵抗発散による抵抗係数増大についてのデータが示されているので，これを活用して A_{DD} の値を考えることができる。

〔9〕 有害抵抗-マッハ数分布の完成と超音速航空機の造波抵抗

〔7〕，〔8〕項では，遷音速旅客機の造波抵抗の推算方法について説明した。つぎに，これまでに得られた結果に基づいて有害抵抗のマッハ数変化の様子を図に描く。

図 A.9 に，ここまでの方法で得られた有害抵抗のマッハ数に対する変化の様子を遷音速旅客機を例にとって模式図的に示す。これまで考えてきた各項の値を積み重ねたものである。ただし，遷音速域での造波抵抗以外の有害抵抗を見積もることは困難であるので，〔1〕～〔6〕項で説明した有害抵抗の各成分に関しては，圧縮性の影響を生じ始めるマッハ数（M=0.6 程度）から超音速域（M=1.2 とする）までは直線的に変化すると考えてよい（文献 1），

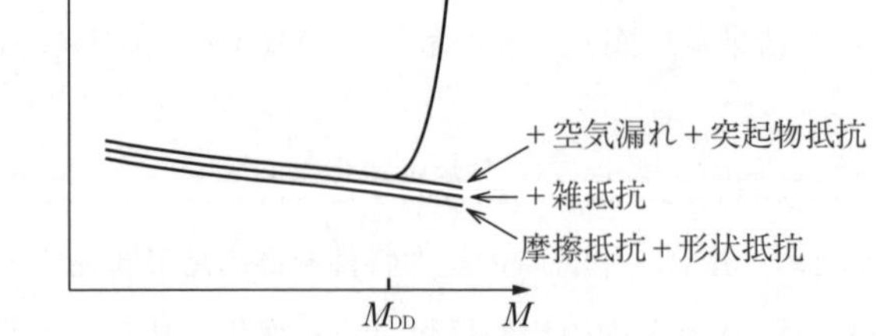

図 A.9　有害抵抗-マッハ数分布（遷音速旅客機向け，模式図）

p.297)。M=1.2における〔1〕～〔6〕項の有害抵抗（造波抵抗を除く）に関しては，式（A.10）に従って求めればよい（Q=FF=1に注意すること）。図A.9も，この方法を用いて描いてある。具体的な推算結果は4章に示した。

ところで，音速に近い速度で飛行する航空機や超音速航空機の場合は，抵抗発散から超音速に至る間の造波抵抗の変化についても知る必要がある。そのために，マッハ数が0.8<M<1.2の範囲の遷音速では，図*10.4*に示したように，揚力傾斜の推算と同じく，亜音速と超音速の分布を使って内挿する。その方法は文献1)，p.296に詳しい。

さらに，超音速飛行時の有害抵抗は，本項の最初に示した式（A.10）を用いる。超音速では，右辺第3項の造波抵抗の項が一般に一番大きくなる。物体が超音速飛行時に発生する造波抵抗は，主流方向に物体の断面がどのように分布しているかによって決定される（文献24)，9章あるいは文献25)，p.191)。超音速流理論より造波抵抗が最小になる物体形状（**Sears-Haack body**）を基準にして，設計機体の造波抵抗を推算する方法は文献1)，pp.290～293に詳しい。

A.3.2 誘　導　抵　抗 (*10.3.2*項)

〔1〕 誘導抵抗係数

誘導抵抗については，*10.3.2*項で述べたとおりである。まず，**誘導抵抗係数**Kはつぎのように定義される。eは**オズワルドの航空機効率係数**である。

$$\text{式}\,(10.3):K=\frac{1}{e\pi A\!\!\!R} \qquad (4.1)$$

前著では，式（*10.6*）または式（*10.7*）よりM=0におけるオズワルドの航空機効率係数eを求める方法を示した。本項では，これらの式の代わりにマッハ数変化の影響も含まれており，低速から遷音速までの巡航速度域まで使用することができるとされている式（A.29）（文献26)，pp.147～148）を紹介する。

$$e=\frac{1}{(1+0.12M^2)\left(1+\dfrac{0.142+f(\lambda)\mathit{AR}(10(t/c)_{\mathrm{m}})^{0.33}}{\cos\Lambda_{c/4}}+\dfrac{0.1(3N_{\mathrm{e}}+1)}{(4+\mathit{AR})^{0.8}}\right)} \tag{A.29}$$

ここに，$f(\lambda)=0.005(1+1.5(\lambda-0.6)^2)$ である。なお，N_{e} は主翼の上部にエンジンが設置されている場合のエンジン数であり，通常は0とする。

これを用いて誘導抵抗係数 K の値は，離着陸時相当の速度（$M=0.2$ とする）と巡航時のそれぞれの場合（クリーン形態相当で高い揚力を発生していない場合）について，式(4.1)より求められる。なお，文献13)，p.244によると，フラップを使用するような高い揚力を出している場合は，飛行試験結果によると，e の値は0.9倍になっている。これは，フラップ展開に伴う主翼アスペクト比の減少に伴う空力性能の変化に起因すると考えるが，このフラップ使用の場合は，K の値を $1/0.9=1.11$ 倍する。

表 A.2　遷音速旅客機の誘導抵抗係数 K（文献27）記載のデータに基づいて作成）

機種名	AR	M_{cr}	e	K
A300-600	7.73	0.78	0.749	0.055 0
A319	9.40	0.78	0.753	0.045 0
A320	9.50	0.76	0.783	0.042 8
B737-800	9.45	0.78	0.660	0.051 0
B767-300	7.99	0.80	0.670	0.059 5
A340-300	9.26	0.82	0.770	0.044 6

ここで参考として文献27)に基づいて，遷音速旅客機実機の K の値を紹介しておく（**表 A.2**）。誘導抵抗係数 K を推算するときの参考にしていただきたい。

超音速航空機については，*10.3.2*節で述べたように，前縁吸込み力の考えを用いて，図式解法で誘導抵抗係数 K の値を求める。詳細については，文献1)，pp.300～303を参照されたい。

〔2〕　全機抵抗の推算と抵抗-揚力曲線（ポーラーカーブ）の描画

*10.3.2*項で述べたように，概念設計の段階では，主翼に極端に強いキャンバーがない限りは，主翼にキャンバーがない場合の抵抗を表す式

式(*10.4*)：$C_{\mathrm{D}}=C_{\mathrm{D0}}+KC_{\mathrm{L}}^{2}$　(A.30)

を用いて全機の抵抗を表せばよい。これを用いて**抵抗-揚力曲線（ポーラー**

カーブ，図 *10.6*）を描く。具体的な推算方法は 4 章を参照されたい。

〔3〕 高揚力装置を用いる場合の抵抗への影響

実際の設計段階では，風洞実験や CFD 解析により高揚力装置利用時の空力特性を正確に見積もる必要がある。これに対して，これまでのいくつかの項で説明してきたように，本書では簡便な方法をとっている。すなわち，A.3.1〔4〕(3) 項で述べたように，有害抵抗の増大を考慮した。また，A.3.2〔1〕項で述べたように，e の値が減少する（K の値が増大する）ことで誘導抵抗への影響を加味した。

参考までに，高揚力装置利用時の舵角が増大するにつれての抵抗−揚力曲線の変化の様子を**図 A.10** に示す。この図は文献 28)，Fig.5 に掲載の典型的なジェット旅客機の空力性能データを基にして描いた図である。舵角変化につれての抵抗−揚力曲線が変化する様子を考えるときの参考にされたい。また，揚抗比の一般的な変化の様子を**図 A.11**（文献 11)，p.154 と文献 28）を基にして概念的に作成）に示す。この図についても，高揚力装置の性能を推算した際の舵角変化に伴う性能変化の妥当性検討に使用されたい。

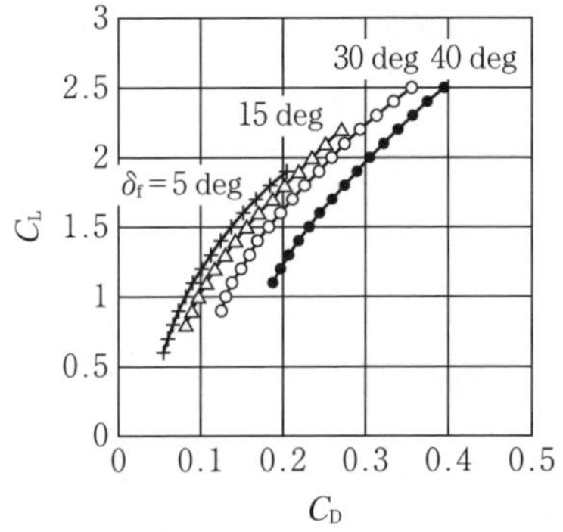

図 A.10　後縁フラップの操舵に伴う抵抗−揚力曲線の一例（文献 28）のデータに基づいて図を作成）

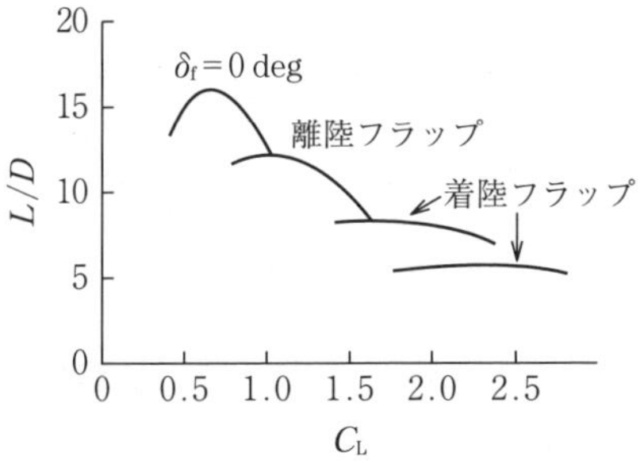

図 A.11　後縁フラップの操舵に伴う揚抗比変化の傾向

付録 B

エンジン性能曲線の見積り

11.1.3 項においてターボファンエンジンの性能曲線の見積りについて概略を述べた。本付録では，前著では述べることのできなかった文献 1)，pp.64 ～ 78 に基づいたエンジン性能曲線の見積り法の詳細を紹介する。

ジェットエンジンの最大推力は，飛行マッハ数，飛行高度ならびにエンジンの運用形態（設計条件以外での運用など）に影響を受ける。一方，燃料消費率はバイパス比に大きな影響を受け，飛行高度もある程度影響する。文献 1）では，高度変化による推力の変化を海面上での静止推力で無次元化した値（**ラプスレート** L_{p} と呼ばれる，式 (*4.50*)）ならびに設計条件での**燃料消費率** c_j〔(lb/hr)/lb〕を異なるバイパス比エンジン（超音速機用エンジンを含む）について算出する方法が示されている。

ラプスレート L_{p} は，飛行マッハ数 M の違いで以下の式により見積もることができる（アフターバーナーは考えない）。

$$M \leqq 0.9 \qquad L_{\mathrm{p}} = [K_1 + K_2 BPR + (K_3 + K_4 BPR) M] \sigma^s \tag{B.1}$$

$$M > 0.9 \qquad L_{\mathrm{p}} = [K_1 + K_2 BPR + (K_3 + K_4 BPR)(M - 0.9)] \sigma^s \tag{B.2}$$

ここに，BPR はエンジンの**バイパス比**，σ は空気密度比（前著付録）である。式 (B.1)，(B.2) 中の K_1 などの係数を**表 B.1** に示す。この係数は BPR によって影響を受ける。また，s は本来は高度の影響を表すパラメータであるが，高度 49 000 ft までは s を一定値と置いてよい。

燃料消費率については，式 (B.3) により見積もることができる。

$$c_j = c'(1 - 0.15 BPR^{0.65})[1 + 0.28(1 + 0.063 BPR^2) M] \sigma^{0.08} \tag{B.3}$$

表 B.1　エンジン推力推算に使われる各種係数（文献 1）に基づいて作成）

BPR	*M*	K_1	K_2	K_3	K_4	*s*
1 以下	0 ～ 0.4	1.0	0	−0.2	0.07	0.8
	0.4 ～ 0.9	0.856	0.062	0.16	−0.23	0.8
	0.9 ～ 2.2	1.0	−0.145	0.5	−0.05	0.8
3 ～ 6	0 ～ 0.4	1	0	−0.6	−0.04	0.7
	0.4 ～ 0.9	0.88	−0.016	−0.3	0	0.7
8	0 ～ 0.4	1	0	−0.595	−0.03	0.7
	0.4 ～ 0.9	0.89	−0.014	−0.3	0.005	0.7

高度 36 000 ft 以上では c_j の値を一定と置く。c' の値は，既存のエンジンデータを参考に決める。典型的な値としては

高バイパス比ターボファンエンジン　　$c' = 0.70$

低バイパス比亜音速エンジン　　$c' = 0.85$

超音速用エンジン ($BPR \leq 1.0$)　　$c' = 0.95$

である。例えば，高度 35 000 ft，M=0.8，BPR=5.7 の既存ターボファンエンジンの燃料消費率のデータが c_j=0.62 (lb/hr)/lb であった場合，式 (B.1) より

$$0.62 = c'(1 - 0.15 \times 5.7^{0.65})[1 + 0.28(1 + 0.063 \times 5.7^2)0.8]0.311^{0.08}$$

が成り立つので（高度 35 000 ft での密度比は 0.311 である），この式から求められ，$c' = 0.756$ (lb/hr)/lb の値を式 (B.3) 内で使用すればよい。

なお，本付録で示した推力は，空気取入れ口とノズルによる効率のみを考慮に入れた場合の値であり，ほかの**装備効率**（エンジン補器によるロスなど，*11.1.2* 項）によるロスは考慮されていない。離陸時にはこのロスは無視してよいが，巡航時には通常 5 %ロスがあると考える。

本付録で述べたモデル化されたエンジン性能曲線の一例は *11.1.3* 項を参照されたい。

付録 C

表計算ソフトを活用した各種推算支援ツール†

本書では，4 章以降で概念設計作業を効率的に行うために表計算ソフト（Microsoft® Excel®）を用いた各種の推算支援ツールを活用してきた。ここでは，これらについて概要をまとめておく。なお，これらのツールは，ユーザーインタフェースについては最低限の考慮しか払っておらず，ユーザーはあくまでも本書の内容を理解したうえで，かつツールの中身を理解したうえで使用することを前提として作成されている。そのため，ユーザーが数値を入力しなければならないセルと推算結果が出力されるセルは，複数のシート内の各所に散らばっている。

C.1　推算支援ツールの種類

つぎに示す 2 種類の推算支援ツールを用意してある。

―空力特性推算支援ツール

―第 2 次サイジング用推算支援ツール

空力特性推算支援ツールは，揚力関連の空力特性推算，抵抗関連の空力特性推算と必要推力の推算を行う三つのシートに分かれている。「巡航時揚力推算シート」は 4.1 節に，「抵抗推算シート」は 4.3 節に，「必要推力推算シート」

---

† 以下の Web ページからダウンロード可能である。
https://www.coronasha.co.jp/np/isbn/9784339046632/
（本書の書籍ページ。コロナ社の top ページから書名検索でもアクセスできる）
ダウンロードに必要なパスワードは「112019」。

は6.1.1項において用いる。第2次サイジング用推算支援ツールは5章において用いる。なお，5章などでも述べたように第2次サイジング用推算支援ツールならびに空力特性推算支援ツールの「必要推力推算シート」は，FAR25が適用される遷音速ジェットエンジン機体専用である。また，付録Aで述べたように空力特性推算支援ツールの「巡航時揚力推算シート」と「抵抗推算シート」は，超音速航空機を除いた機体専用である。

C.2　空力特性推算支援ツールの使用法

C.2.1　ツール全般に対する注意事項

空力特性推算支援ツールは，水色塗りで太枠囲みのセルに数値を手入力し，灰色のセルには本書掲載の図からデータを読み込んで入力する必要がある。本書ならびに前著の対応する節や数式については番号を示してあり，また必要に応じてコメントしてあるので，それらと本書の内容を読者は対応させながらデータを入力することになる。前述のように「必要推力推算シート」以外の二つのシートは遷音速旅客機だけではなく，プロペラ機の揚力と抵抗推算ができるように考慮されている。特に「抵抗推算シート」では，本書の設計機体とは無関係なセルもあり，シート内の説明に注意を払って値を入力する必要がある。

使用する単位系であるが，設計要求で与えられる巡航高度，第1次サイジングで求めた最大離陸重量，燃料重量および主翼面積に関しては，フィート，ポンド法としている。一方，機体三面図から読み取って入力する各種長さや面積などについては，読者の便宜のためにメートル法を用いている。各変数ごとに用いている単位は各セルに明記してある。

C.2.2　「必要推力推算シート」に関する特記事項

6章において「必要推力推算シート」を使用する段階では，すでに5章で設計機体の第2次サイジングが完了し，設計機体の主要諸元が決定済みであるので，それらの値を用いる必要がある。「必要推力推算シート」では「抵抗推算シート」で推算される抵抗値を用いているため，「抵抗推算シート」内の緑色に塗ったセルの数値を５章で得られた新しい数値に置き換えたあとに，「必要推力推算シート」に入力する必要があることに注意されたい。具体的な入力項目については，C.4 節で示す表 C.3 に明記されている。なお，「必要推力推算シート」内の「必要推力－誘導抵抗係数」の数値については，表 C.3 中の該当箇所の注記に従っていただきたい。また，ここでの作業では特に入力する必要がない数値ではあり，表 C.3 にも項目は示されていないが，「抵抗推算シート」内の「1.　有害抵抗の推算－摩擦抵抗－主翼－胴体外に露出した主翼の面積」ならびに「1.　有害抵抗の推算－摩擦抵抗－主翼－代表長さ（平均空力翼弦)」の２か所については，該当箇所に赤字で注記されているような仮定から得られた数値を用いている。

C.3　第２次サイジング用推算支援ツールの使用法(*13* 章)

第２次サイジング用推算支援ツールについては，入力シートの水色塗りで太枠囲みのセルに数値を入力して，シート最下部の「この条件で計算する」をクリックすることで，出力シート上に考えている機体形態（表 5.1）ごとにカーペットプロットに使用する数値が得られる。なお，ほかのシート内にも水色塗りで太枠囲みセルがあるので入力が必要である。特に性能シート内の**加速停止距離**（balanced field length，S_b, *11.2.3*〔*1*〕(*4*) 項ならびに付録 D）を計算する箇所では，その推算の際に必要な各速度におけるエンジンラプスレートを 5.1.2 項の結果から入力する必要があり，かつシート内に描画されたグラフから速度 V_1 と加速停止距離 S_b の数値を読み取って，それを同じシート内の「グラフを描いて決める」と書かれているセルに入力する必要がある。

この第２次サイジング用推算支援ツールの具体的な使用手順については，ほぼ *13.3* 節で述べたとおりである。一部同節の記述と重なる点はあるが，以下にツール内の各シートに即して具体的に説明しておく。

〔1〕 **データ入力シート**

—水色塗りセルに以下の項目に関する数値を入力する。

—設計要求を入力する。

—3章で描いた初期機体三面図を基にしてベースライン機体の形態と主要諸元を入力する。

—5章で求めたエンジン性能曲線，各種飛行状態でのラプスレートならびに燃料消費率 *sfc* を入力する。ベースラインとしているエンジンに関する寸法などのデータも入力する。

—4章で推算した高揚力装置使用時の最大揚力係数 C_{Lmax} と有害抵抗の増分 ΔC_{D0} ならびに誘導抵抗係数 K を入力する。さらに，巡航状態での抵抗発散による抵抗増分も入力する。第2次サイジングでは主翼面積は変更されるが，形状は相似形で変化すると考え，高揚力装置や抵抗発散に関する性能値は，ベースライン以外の機体でも同じであると仮定している。

—最大離陸重量 W_{TO} の計算初期値を適当に仮定して，まずベースライン機体の翼面荷重 W/S と推力・機体重量比 T/W を入力し，「この条件で計算する」ボタンを押す。その際に，以降の〔3〕～〔7〕項で説明するほかのシート上の水色塗りセルに適切な数値が代入されているか，また〔7〕項の性能推算シートについては加速停止距離をグラフ上から読み取った数値が入力されているかに注意する。

—その結果は，「出力シート」上に W_{TO} などの機体重量ならびに第2次サイジングで使用する4種の性能値として表示される。

— W/S と T/S を変化させて，残り8種類の機体について同様の作業を行い，得られた総計9種類のデータを基にして *13* 章で述べた方法によりカーペットプロットを作画する。

〔2〕 **出力シート**

—データ入力シートで入力された W/S と T/W の値ごとの計算結果が表示される。

〔3〕 **機体形態シート**

―データ入力シートで入力された機体データを基に，より詳しい機体形態を定める。

―水色塗りセルの数値（エンジン数）は設計機体に適合した適切な数値を入力する。

〔4〕 **抵抗推算シート**

―付録A.3節に基づいて有害抵抗（離着陸時と巡航時）ならびに脚抵抗，エンジン一発停止時の増加抵抗を求める。

―水色塗りセルについては，〔3〕項と同様に適切な数値を入力する。

〔5〕 **重量推算シート**

―*9.1.2*項のデータベースに基づく重量推算法に基づいて運用空虚重量W_{OE}を求める。

―水色塗り付きセルについては，〔3〕項と同様に適切な数値を入力する。

―水平尾翼，垂直尾翼，胴体の重量推算モデル式（式(*9.4*)～(*9.6*)）内で使用する**設計急降下速度**V_dの値は，これらのモデル式を*9*章記載の文献4）において検証した際に用いたとおり，設計急降下マッハ数から求めた巡航高度における飛行速度に等しいとしてある。設計急降下マッハ数は，*9.1.2*〔*2*〕項記載のとおり，最大巡航マッハ数に0.05を加えた値として求める。

〔6〕 **Resizingシート**

―*4.2.2*項で述べた第1次サイジング時の重量推算法を活用して，〔5〕項とは別個に$W_{OE}=W_{TO}-W_F-W_{Pay}$の関係に基づいて$W_{OE}$を求める。

―水色塗り付きセルについては，〔3〕項と同様に適切な数値を入力する。

〔7〕 **性能推算シート**

―離陸距離（*11.2.3*〔*1*〕項の離陸距離推算法（加速停止距離を含む）に基づく），着陸距離（*11.2.3*〔*2*〕項の着陸距離推算法に基づく），second segment climb（*4.3.4*〔*2*〕項の上昇性能推算と同じ方法に基づく），初期巡航高度（initial cruise altitude，*4.3.4*〔2〕項の上昇性能推算と同じ方法に基づく），以上4種類の性能値を求める。

―水色塗り付きセルについては，〔3〕項と同様に適切な数値を入力する。特に本節冒頭で述べた加速停止距離の推算の際は，シート上に示されるグラフ（図 *11.9*）を用いて数値を読み取ることに注意する。

〔8〕 **計算実行の流れ**

全体の計算実行の流れは，図 *13.3* にまとめたとおりである。個々の手続きを以下に述べる。

―データ入力シートで W/S と T/W の値，ならびに W_{TO} の計算初期値をユーザーが入力する。

―機体形態シートで S と T の値を求め，これより主翼寸法とエンジン寸法などを決定する（なお，前述のとおり本ツールでは，胴体ならびに尾翼については変更しない。このため第2次サイジング結果で得られた機体が，安定性の条件を満たすかどうかは別途確認する必要がある）。

―抵抗推算シートで抵抗値を求める（なお，前述のように抵抗発散については，各 W/S と T/W の組合せが変化しても，この値は変わらないと仮定している。また，誘導抵抗係数についても一定値として，データ入力シートで入力済みである）。

―重量推算シートで，機体コンポーネントの重量を積み上げていく方法により運用空虚重量の一つめの値 $W_{\mathrm{OE}}1$ を求める。

―Resizing シートで，仮定した W_{TO} の値から必要燃料 W_{F} とペイロード W_{Pay} を差し引くことで運用空虚重量の二つめの値 $W_{\mathrm{OE}}2$ を求める。この部分に式 (2.1) を用いることで，航続距離の要求を満たすことが担保されている。なお，式 (2.3) で与えられた W_{TO} と W_{OE} の両対数の関係は，第2次サイジングでは用いていないことを注記しておく。

―最後に，表計算ソフト（Microsoft® Excel®）のゴールシーク機能により $W_{\mathrm{OE}}1$ と $W_{\mathrm{OE}}2$ の値が合致する W_{TO} の値を求める。

―これによって翼面積 S とエンジン推力 T の最終値が得られるので，これらの値を用いて性能推算シートで4種類の性能値を求めている。

〔9〕 マクロについて

提供するプログラムの実行に当たっては，表計算ソフト（Microsoft® Excel®）のマクロ機能を利用している。計算を容易にするために，標準大気に関しては文献1)，p.348を参考にしてマクロ機能を活用している。また，抵抗推算（A.3.1〔1〕項）のカットオフレイノルズ数と摩擦抵抗係数 C_f についてもマクロを用いて表現している。

〔10〕 注　意　点

本書で示したカーペットプロット手法は，機体概念設計手順を理解しやすくするために，〔1〕項でも述べたように部分的に近似を行い簡略化した方法を用いていることに注意されたい。

また，繰り返し述べているように，本第2次サイジング用推算支援ツールは，FAR25が適用される遷音速ジェットエンジン機体専用である。例えば，超音速航空機に関しては，重量推算シート内で用いている重量モデルを文献2)，pp.153～164に掲載されている超音速航空機用重量モデルに変更したりする必要がある。

C.4　本書で使用したデータ

本書で実際に使用したこれらのツールの各シートに入力した値を，空力特性推算支援ツールの巡航時揚力推算シートについては**表C.1**，同ツールの抵抗推算シートについては**表C.2**，同ツールの必要推力推算シートについては**表C.3**，第2次サイジング用推算支援ツールについては**表C.4**にまとめてあるので参考にしていただきたい。表C.3には，「抵抗推算シート」の入力数値を5章で得られた数値に変更する内容についても整理してある（C.2.2項の記述を参照されたい）。

表 C.1　空力特性推算支援ツールの巡航時揚力推算シートに入力した値一覧

1. 揚力傾斜の見積り

これまでの設計結果から得られている値

巡航高度	h	35 000	〔ft〕	設計要求より（ただし，4.3 節の推算に使用）
巡航マッハ数	M_{cr}	0.78		設計要求より
アスペクト比	AR	9.4		第 1 次サイジング結果より
テーパー比	λ	0.33		主翼設計結果より
25 % 翼弦長位置の後退角	$\Lambda_{c/4}$	25	〔deg〕	主翼設計結果より
前縁後退角	Λ_{LE}	27.5	〔deg〕	初期機体三面図から読み取る
スパン長	b	31.6	〔m〕	主翼設計結果より
設計基準翼面積	S_{ref}	1 140	〔ft^2〕	第 1 次サイジング結果より
胴体外に露出した主翼の面積	$S_{exposed}$	93.5	〔m^2〕	初期機体三面図から読み取る
胴体直径	d	3.3	〔m〕	胴体設計結果より

2. 最大揚力係数の見積り

これまでの設計結果から得られている値

翼型名称		64_1412〜64_2415		スパークリティカル翼のデータが得られないので，代わりに（NACA64_1412〜64_2415）
厚み比	t/c	0.125		翼根と翼端の平均値として入力する
2 次元翼型の最大揚力係数	$C_{l\,max}$	1.68		翼型データより
2 次元翼型の零揚力角	α_{0L}	−2.8	〔deg〕	翼型データより（4.1.1 節）

4.1.2 節の記述に従って入力した値，あるいは図から読み取った値

Δy を求めるための係数	$\Delta y/(t/c)$	21.3		A.1.2 項より NACA64 シリーズでは $\Delta y/(t/c)=21.3$ とした
3 次元効果を補正する係数	$C_{Lmax}/C_{l\,max}$	0.8		図 A.1 より読み取った値
直線的に増大すると仮定したときとの迎角の差	$\Delta\alpha_{C_{Lmax}}$	3.2	〔deg〕	図 A.3 より読み取った値

表 C.2　空力特性推算支援ツールの抵抗推算シートに入力した値一覧

6.1.1 項の作業を行うときのみ，1 を代入		0		6.1.1 項の作業時以外の通常時は，0 を入力のこと

1. 有害抵抗の推算

これまでの設計結果から得られている値				
海面におけるマッハ数	M_{SL}	0.2		離陸，second segment，着陸時の速度として仮定
表面粗さ係数	k	2.08E−05	〔ft〕	A.3.1〔1〕項の記述に基づき，滑らかに塗装された表面の場合を選択
最大離陸重量	$MTOW$	134 000	〔lb〕	第 1 次サイジング結果より

摩擦抵抗				
主　翼				
厚みが最大になる翼弦長位置	$(x/c)_m$	0.4		翼型データをベースにして設定
最大厚みになる位置を結んだ線の後退角	Λ_m	23.0	〔deg〕	機体三面図より読み取って入力
代表長さ（平均空力翼弦）	$\bar{c}$	3.64	〔m〕	機体三面図より（3.2.2 項）
主翼上の層流域の割合		0.15		A.3.1〔1〕項の記述（10 ～ 20 %が層流と考えてよい）に基づく
干渉係数	Q	1		A.3.1〔3〕項の記述に基づき，低翼でフィレット付きとして Q の値を選択
水平尾翼				
胴体外に露出した水平尾翼の面積	$S_{h\ exposed}$	22.38	〔m^2〕	機体三面図より読み取って入力
翼厚比の平均値	t/c_{avg}	0.12		機体三面図より
厚みが最大になる翼弦長位置	$(x/c)_m$	0.3		翼型データをベースにして設定
最大厚みになる位置を結んだ線の後退角	Λ_m	30	〔deg〕	機体三面図より読み取って入力
代表長さ（平均空力翼弦）	$\bar{c}$	2.82	〔m〕	機体三面図より（3.3.1 項）
干渉係数	Q	1.04		A.3.1〔3〕項の記述に基づき入力
垂直尾翼				
胴体外に露出した水平尾翼の面積	$S_{h\ exposed}$	22.6	〔m^2〕	機体三面図より読み取って入力
翼厚比の平均値	t/c_{avg}	0.12		機体三面図より
厚みが最大になる翼弦長位置	$(x/c)_m$	0.3		翼型データをベースにして設定
最大厚みになる位置を結んだ線の後退角	Λ_m	35	〔deg〕	機体三面図より読み取って入力
代表長さ（平均空力翼弦）	$\bar{c}$	3.92	〔m〕	機体三面図より（3.3.2 項）
干渉係数	Q	1.04		A.3.1〔3〕項の記述に基づき入力
胴　体				
胴体幅	B	3.3	〔m〕	機体三面図より読み取って入力（3.1 節）
胴体高さ	H	3.3	〔m〕	機体三面図より読み取って入力
基準長さ＝胴体長さ	L_{fus}	36.1	〔m〕	機体三面図より読み取って入力
干渉係数	Q	1		A.3.1〔3〕項の記述に基づき入力
ナセル				
エンジンの数	N_{ENG}	2		
ナセル直径	$D_{Nacelle}$	2.2	〔m〕	機体三面図より読み取って入力
ナセル長さ	$L_{Nacelle}$	3	〔m〕	機体三面図より読み取って入力
干渉係数	Q	1.3		A.3.1〔3〕項の記述に基づき入力

雑抵抗：				
コックピット				
係　数		0.07		A.3.1〔4〕（2）項より空気抵抗増大を避ける考慮がなされている場合
コックピット窓ガラスの正面面積		1.6	〔m^2〕	機体三面図より読み取って入力
降着装置				
係数 $D/q/$(タイヤ部分の正面面積)	A	0.25		A.3.1〔4〕（1）項より標準的なタイヤを選択
タイヤ部分の正面面積		2	〔m^2〕	機体三面図より読み取って入力
係数 $D/q/$(ストラットの正面面積)		0.3		A.3.1〔4〕（1）項より円筒断面のストラットを選択
ストラット部分の正面面積	A	1	〔m^2〕	機体三面図より読み取って入力
フラップ				
前縁スラットありのとき＝1，なしのとき＝0		1		
離陸時後縁フラップ舵角	δ_{flap}	15	〔deg〕	舵角を想定して入力
着陸時後縁フラップ舵角	δ_{flap}	45	〔deg〕	舵角を想定して入力
胴体尾部形状の影響（base drag）				
胴体尾部断面積		0	〔m^2〕	通常の旅客機の場合は考えなくてよい（A.3.1〔4〕項）
空気漏れ・突起物抵抗				
〔%〕		3		A.3.1〔5〕項より
エンジン一発停止時のプロペラあるいはジェットエンジンが発生する抵抗：				
ジェットエンジン一発停止時				
エンジンのファン部の直径	$D_{E/G}$	1.85	〔m〕	エンジンデータに基づく（A.2.1〔6〕項）
エンジン一発停止時のトリム抵抗増分				
〔%〕		5	〔%〕	A.3.1〔6〕項の記述に基づく
造波抵抗				
遷音速造波抵抗　その1：抵抗発散マッハ数				
燃料重量	W_{fuel}	32 200	〔lb〕	第1次サイジング結果より
抵抗発散マッハ数に対する後退角とアスペクト比の影響	ΔM_{DD}	0.050		図A.6から本シート内の指示に従って値を読み取る
使用するスーパークリティカル翼型の設計揚力係数	$C_{l design}$	0.4		巡航時揚力係数を参考にして入力
胴体先端から胴体直径が一定になる位置までの胴体長さ	l_n	5	〔m〕	機体三面図より読み取って入力
超音速機形態の胴体抵抗発散マッハ数	$M_{DD(Body)SST}$	0.870		図A.7から本シート内の指示に従って値を読み取る
遷音速造波抵抗　その2：遷音速旅客機の造波抵抗				本項は，遷音速旅客機のみに入力
抵抗発散時 C_D 増大の分布形状係数（13～20）	A_{DD}	20.0		式（A.28）の係数

2. 誘導抵抗の推算

主翼上に置かれたエンジンの数	N_p	0		式（A.29）参照

表 C.3　空力特性推算支援ツールの必要推力推算シートに入力した値一覧
（抵抗推算シートの変更点も含む）

1.「4.3 抵抗推算シート」内で 5 章の結果に置き換えた値一覧

6.1.1 項の作業を行うときのみ，1 を代入		1		6.1.1 項の作業時以外の通常時は，0 を入力のこと
問題設定				
最大離陸重量	W_{TOmax}	114 075	〔lb〕	第 2 次サイジング結果として得られた値で置き換える
設計基準翼面積	S_{ref}	1 140.7	〔ft^2〕	第 2 次サイジング結果として得られた値で置き換える
摩擦抵抗				
ナセル				
ナセル直径	D_{Nacelle}	1.79	〔m〕	第 2 次サイジング結果として得られた値で置き換える
ナセル長さ	L_{Nacelle}	2.9	〔m〕	第 2 次サイジング結果として得られた値で置き換える
造波抵抗				
遷音速造波抵抗 その 1：抵抗発散マッハ数				
燃料重量	W_{fuel}	28 429	〔lb〕	第 2 次サイジング結果として得られた値で置き換える

2.「6.1.1 必要推力推算シート」に入力した値一覧

問題設定				
最大離陸推力	T_{TO}	36 960	〔lb〕	第 2 次サイジング結果として得られた値で置き換える
必要推力				
比熱比	κ	1.4		
誘導抵抗係数（$M=M_{\mathrm{cr}}$ における値）	$K=dC_{\mathrm{D}}/dC_{\mathrm{L}}^2$	0.0451		これらのセルには，抵抗発散マッハ数近辺の K の値を参考にして数値を入力する
同上（$M=M_{\mathrm{DD}}$ における値）		0.0454		
同上（$M=0.85$ における値）		0.048		
同上（$M=0.90$ における値）		0.0512		
利用推力				
エンジンのバイパス比	BPR	12		第 2 次サイジングで使用した値を入力
エンジン性能モデルの係数		$M<0.4$	$M>0.4$	
係数 K_1	K_1	1	0.89	表 B.1 参照
係数 K_2	K_2	0	−0.014	
係数 K_3	K_3	−0.595	−0.3	
係数 K_4	K_4	−0.03	0.005	
係数 s	s	0.7	0.7	

表 C.4 第2次サイジング用推算支援ツールに入力した値一覧

1. データ入力シート

主要諸元（性能関係）

巡航性能：				
航続距離	R	2 500	〔nm〕	設計要求より
巡航マッハ数	M	0.78		設計要求より
初期巡航高度	h	35 000	〔ft〕	設計要求より
離陸性能：				
FAR25 離陸距離	$TOFL$	6 000	〔ft〕	設計要求より
離陸時の滑走路高度		0	〔ft〕	設計要求より
着陸性能：				
FAR25 着陸距離	LFL	5 000	〔ft〕	設計要求より
着陸時の滑走路高度		0	〔ft〕	設計要求より
許容される着陸時の最大重量比	$W_L/MTOW$	0.85		設計要求より（最大離陸重量に対する比）
予備燃料				
空中待機時間	E_{ltr}	45	〔min〕	設計要求より
代替空港への飛行高度		10 000	〔ft〕	2.1 節の記述に基づく
代替空港への飛行距離		200	〔nm〕	設計要求より
代替空港への飛行マッハ数		0.47		2.1 節の記述に基づく
ペイロードと乗務員				
人　数	乗客	120		設計要求より
	操縦士	2		
	客室乗務員	3		
体　重	乗客	175	〔lb〕	*4.2.4* 節の記述に基づく
	操縦士	175		
	客室乗務員	175		
手荷物の重量	乗客	44	〔lb〕	*4.2.4* 節の記述に基づく
	操縦士	30		
	客室乗務員	30		
貨物の重量		0	〔lb〕	設計要求より

主要諸元（寸法関係）

主翼：				
アスペクト比	AR	9.4		2.2.6 項の結果より
テーパー比	λ	0.33		3.2.2 項の結果より
翼根部厚み比	$(t/c)_{root}$	0.15		3.2.1 項の結果より
翼端部厚み比	$(t/c)_{tip}$	0.12		3.2.1 項の結果より
翼厚最大になる翼弦位置の翼弦長との比	$(x/c)_m$	0.4		抵抗推算に使用。表 C.2 にて指定済み
25%翼弦位置における後退角	Λ	25	〔deg〕	3.2.2 項の結果より

水平尾翼：				
水平尾翼面積	S_H	29.10	〔m^2〕	3.3.1 項の結果より
胴体外に露出した水平尾翼面積	$S_{H\,exposed}$	22.38	〔m^2〕	機体三面図から読み取る
アスペクト比	AR_H	4		3.3.1 項の結果より
テーパー比	λ_H	0.4		3.3.1 項の結果より
翼根部厚み比	$(t/c)_{root}$	0.12		3.3.1 項の結果より
翼端部厚み比	$(t/c)_{tip}$	0.1		3.3.1 項の結果より
翼厚最大になる翼弦位置の翼弦長との比	$(x/c)_m$	0.3		抵抗推算に使用。表 C.2 にて指定済み
25 %翼弦位置における後退角	Λ_H	30	〔deg〕	3.3.1 項の結果より
垂直尾翼：				
垂直尾翼面積	S_V	22.60	〔m^2〕	3.3.2 項の結果より
アスペクト比	AR_V	1.7		3.3.2 項の結果より
テーパー比	λ_V	0.35		3.3.2 項の結果より
翼根部厚み比	$(t/c)_{root}$	0.12		3.3.2 項の結果より
翼端部厚み比	$(t/c)_{tip}$	0.1		3.3.2 項の結果より
翼厚最大になる翼弦位置の翼弦長との比	$(x/c)_m$	0.3		抵抗推算に使用。表 C.2 にて指定済み
25 %翼弦位置における後退角	Λ_V	35	〔deg〕	3.3.2 項の結果より
胴　体：				
胴体幅	B	3.30	〔m〕	3.1 節の結果より。表 C.2 にて指定済み
胴体高さ	H	3.30	〔m〕	3.1 節の結果より。表 C.2 にて指定済み
胴体長	L_{fus}	36.1	〔m〕	3.1 節の結果より。表 C.2 にて指定済み
テイルアーム	l_T	15.50	〔m〕	機体重心から尾翼空力中心までの距離，胴体重量推算に使用。機体三面図より読み取って入力
コックピット窓ガラスの正面面積	$A_{cockpit}$	1.60	〔m^2〕	抵抗推算に使用。機体三面図より読み取って，表 C.2 にて指定済み
胴体尾部断面積	A_{base}	0	〔m^2〕	抵抗推算に使用。A.3.1〔4〕(4) 項参照
降着装置：				
正面面積（タイヤ）		2.00	〔m^2〕	機体三面図より読み取る。表 C.2 にて指定済み
正面面積（ストラット）		1.00	〔m^2〕	機体三面図より読み取る。表 C.2 にて指定済み

エンジン

エンジンデータ：				
ラプスレート	L_p(離陸)	0.809		5.1.2 項の図 5.1，図 5.2 から読み取る。離陸は M=0.2 における値で代用する（下記空力性能の欄参照）
	L_p(巡航)	0.224		
燃料消費率	c_j(巡航)	0.501	〔(lb/hr)/lb〕	5.1.2 項の図 5.3 から読み取る
	c_j(注記)	0.37		（注記）空中待機と代替空港への飛行時の値を 2 行目に入力する
エンジン諸元（ベースライン）：				
ベースラインエンジン名		PW1525G		
ベースライン 1 基当りの最大離陸推力	$T_{TO/ENGbase}$	23 300	〔lb〕	5.1.1 項のベースラインエンジンデータから入力
ベースライン・エンジン重量	$W_{E/Gbase}$	2 177	〔kg〕	5.1.1 項のベースラインエンジンデータから入力
ベースライン・エンジンファン直径	D_{Fbase}	1 854	〔m〕	5.1.1 項のベースラインエンジンデータから入力。抵抗推算に使用
ベースライン・エンジン直径	$D_{E/Gbase}$	2 006	〔m〕	5.1.1 項のベースラインエンジンデータから入力
ベースライン・エンジン長さ	$L_{E/Gbase}$	3 184	〔m〕	5.1.1 項のベースラインエンジンデータから入力

エンジン性能モデル係数（離陸性能推算 (BFL) 用に使用）：				
バイパス比	BPR	12		ベースラインエンジンを参考にして決定
M<0.4 の係数 K_1	K_1	1		表 B.1 より
M<0.4 の係数 K_2	K_2	0		表 B.1 より
M<0.4 の係数 K_3	K_3	−0.595		表 B.1 より
M<0.4 の係数 K_4	K_4	−0.03		表 B.1 より
係数 s	s	0.7		表 B.1 より

空力性能

最大揚力係数	C_{Lmax}(離陸)	2.47		4.2.2 項の結果より
	C_{Lmax}(着陸)	2.95		
フラップによる抵抗係数増分（脚上げ）	ΔC_{D0}(離陸)	0.011 1		4.3.3 項の結果より
	ΔC_{D0}(着陸)	0.07		
誘導抵抗係数 dC_D/dC_L^2	K(巡航)	0.045 6		4.3.3 項の結果より
	K(離陸)	0.047 4		
	K(着陸)	0.047 4		
海面高度を飛行するときの参照マッハ数		0.2		離着陸・second segment climb での性能計算時に適用する飛行速度
巡航時造波抵抗	C_{Dwave}	0.001 6		巡航時の抵抗推算に必要。4.3.1 項の結果より

第 2 次サイジング用計算実行

最初に入力する最大離陸重量の初期値	$MTOW_{guess}$	150 000	〔lb〕	計算開始のために値が必要。適当な数値でよい
翼面荷重	W/S		〔lb/ft^2〕	カーペットプロット作画のために表 5.1 の 9 通りの数値を順次入力する
推力・機体重量比	T/W			同上

2. 出力シート　　入力箇所なし

3. 機体形態シート

エンジン数	N_{ENG}	2		

4. 抵抗推算シート

表面粗さ係数	k	2.08E−05		A.3.1〔1〕項参照
表面摩擦抵抗				
主　翼				
主翼上の層流域の割合		0.2		A.3.1〔1〕項参照
干渉係数	Q	1		A.3.1〔3〕項参照
水平尾翼				
干渉係数	Q	1.04		A.3.1〔3〕項参照
垂直尾翼				
干渉係数	Q	1.04		A.3.1〔3〕項参照

胴　体				
干渉係数	Q	1		A.3.1〔3〕項参照。胴体は $Q=1$
ナセル				
干渉係数	Q	1.3		A.3.1〔3〕項参照
雑抵抗：				
コックピット				
係　数		0.07		A.3.1〔4〕(2) 項参照
降着装置				
係数 D/q/(タイヤ部分の正面面積)	A	0.25		A.3.1〔4〕(1) 項参照
係数 D/q/(ストラットの正面面積)	A	0.3		A.3.1〔4〕(1) 項参照
空気漏れ・突起物抵抗：				
〔%〕		3	〔%〕	A.3.1〔5〕項参照
エンジン一発停止時のジェットエンジンが発生する抵抗：				
エンジン一発停止時のトリム抵抗増分				
〔%〕		5	〔%〕	A.3.1〔6〕項参照

5. 重量推算シート

空虚重量：				
主　翼				
50%翼弦長での後退角	$\Lambda_{1/2}$	22.5	〔deg〕	機体三面図より読み取って入力
ナセル				
F_{nacelle}	F_{nacelle}	0.065		*9.1.2*〔*4*〕項参照
脚（降着装置）				
	K_{gr}	1		*9.1.2*〔*5*〕項参照
装備品類				
	F_{fix}	0.11		*9.1.2*〔*7*〕項参照
運航に必要なアイテム類				
機構上使用できない燃料とオイル				
機構上使用できない燃料とオイルの割合	$W_{\mathrm{tfo}}/MTOW$	0.005		*4.2.1* 項参照
その他の運航に必要なアイテム				
	F_{OP}	26		*9.1.2*〔*8*〕項参照

6.Resizing シート

各飛行フェーズごとの fuel fraction				
エンジン始動，ウォームアップ	$W_1/MTOW$	0.99		*4.2.3* 項参照
タキシー	W_2/W_1	0.99		
離　陸	W_3/W_2	0.995		
上　昇	W_4/W_3	0.98		
下　降	W_7/W_6	0.99		
着陸，地上滑走，シャットダウン	W_{10}/W_9	0.992		

第2次サイジング：				
予備燃料比率		0	〔%〕	設計要求においてさらに予備燃料を要求されている場合に使用する

7. 性能推算シート

離陸性能：				
エンジン正常時離陸距離（AEO）				
滑走路の転がり摩擦係数	μ	0.02		*11.2.3*節〔*1*〕(*1*)項参照
加速停止距離（BFL）				
仮定した decision speed V_{1a}	V_{1a}		〔ft〕	値を仮定して4か所のセルに入れる。V_{LOF} 以下の値であること
加速停止距離 (BFL)	S_{BFL}	4 387	〔ft〕	グラフの交点から数値を読み取って，値を記入する
decision speed V_1	V_1	192.4	〔ft/s〕	グラフの交点から数値を読み取って，値を記入する
着陸性能：				
地上滑走				
滑走路摩擦係数	μ'	0.3		*11.2.3*〔*2*〕(*3*)項参照

付録 D

加速停止距離の見積り

11.2.3〔*1*〕（*4*）項で述べたように，多発機（FAR25 機体）の離陸性能を表す重要な指標である**加速停止距離**（balanced field length，S_b）は，（a）離陸のための地上滑走中にエンジンが一発停止した場合の離陸距離（離陸滑走開始から，エンジン一発停止にもかかわらず離陸を続行し，高度 35 ft に達するまでの距離，D.1 節）と（b）停止距離（離陸滑走開始から，一発停止後に離陸を断念し，滑走路上で停止するまでの距離，D.2 節）を算出することで求められる。具体的には，エンジン一発停止時の離陸滑走速度の値をさまざまに振りながら二つの距離を求め，図 *11.9* のような図を描いて（a）と（b）の値が一致するケースを探索することで加速停止距離が求められる。この両者が一致したときのエンジン一発停止時の離陸滑走速度は**臨界速度** V_1 と呼ばれる。

付録 C の第 2 次サイジング用推算支援ツール内で加速停止距離を算出するために用いた方法の説明は *11.2.3*〔*1*〕（*4*）項の記述のみでは不十分であるため，本付録において具体的に説明する。

D.1　エンジン一発停止後に離陸を続行する場合の離陸距離

本節では，D.1.1 項で離陸滑走距離を，D.1.2 項で上昇への遷移に要する距離と離陸上昇距離を求める。

D.1.1　離陸滑走距離

離陸形態（離陸フラップ，脚下げ状態）での最大揚力係数（これを $C_{L\,S1}$ とする)，およびその形態での抵抗と揚力の関係（式 (*4.18*)）あるいはそのときの抵抗–揚力曲線（polar curve，図 *10.6*）は既知とする。さらに，離陸滑走中の揚力係数 $C_{\mathrm{L\,gr.\,roll}}$ は一定値と仮定し，機体が浮揚する際の揚力係数 $C_{\mathrm{L\,LOF}}$ の 1/2 程度とする。また，浮揚時の機体速度 V_{LOF} は，離陸形態のパワーオフ時の失速速度 V_{S1} の 1.15 ～ 1.2 倍程度と考えられるので（文献 1)，p.309)，$C_{\mathrm{L\,gr.\,roll}}$ と $C_{\mathrm{L\,S1}}$ との間には $C_{\mathrm{L\,gr.\,roll}} \approx 0.5C_{\mathrm{L\,LOF}} \approx 0.5C_{\mathrm{L\,S1}}/(V_{\mathrm{LOF}}/V_{\mathrm{S1}})^2$ の関係が成り立つ。V_1 に至るまでは全エンジンが正常に動作しているので，*11.2.3*〔*1*〕（*1*）項で述べた正常な離陸滑走中の平均滑走速度と同様に考えて，平均滑走速度を $0.7V_1$ とする。なお，本節の段階では臨界速度 V_1 は定まっていないが，離陸滑走中のある段階でエンジンが一発停止した瞬間の機体速度もここでは V_1 と呼ぶ。

一方で，この平均滑走速度と滑走路の高度を与えることで，付録 B 掲載の離陸時エンジン性能モデルより，そのときの機体速度におけるエンジンのラプスレートを知ることができるので，これより離陸滑走時のエンジン推力の代表値（$T_{\mathrm{Togr.\,roll}}$，なお式 (*11.22*) では T_{a} と表記されている）を求める。

以上から，式 (*11.21*)，(*11.22*) によって，滑走開始時から速度 V_1 に至るまでの離陸滑走距離 S_{g1} を求める（なお，式 (*11.21*) の V_{LOF} の代わりに V_1 をここでは用いる)。

つぎに，エンジンの一発停止以降について考える。一発停止した直後にパイロットが状況を判断する時間を考慮に入れる必要があり，パイロットが判断を下すまで 2 秒間にわたって V_1 の値を保って滑走し続けると仮定する。このパイロットの反応時間 2 秒に応じた移動距離 S_{reaction} を求める（このとき速度は V_1 で一定とする)。

引き続いて，機体浮揚時の速度 V_{LOF} までの滑走距離を求める。この間の機体速度 V_{m} は V_1 と V_{LOF} の平均値に等しいとする。上述の V_1 に達するまでの検討と同様に，速度 V_{m} でのエンジンラプスレートを知ることで，そのときの推力を知る。ただし，エンジンが一発停止状態であることに注意する。また，エンジン一発停止時に風車状態になったエンジンによる抵抗増大とラダー非対称状態による抵抗増大（A.3.1〔6〕項）を考慮に入れる。

ところで，式 (*11.21*) はもともとつぎに示す式 (D.1) から得られている。

$$S_0 = \int_0^{V_{\mathrm{LOF}}^2} \frac{1}{2g(K_{\mathrm{T}} + K_{\mathrm{A}} V^2)} dV^2 \tag{D.1}$$

式 (D.1) 右辺積分内の分母は機体の加速度 dV/dt を表している（文献 2), p.230)。すなわち

$$dV/dt = g(K_{\mathrm{T}} + K_{\mathrm{A}} V^2) \tag{D.2}$$

であり，これより機体が V_1 から V_{LOF} へ加速するために要する時間を求められる。この時間に V_{m} を掛け合わせることによって V_{LOF} までの移動距離 S_{g2} を求める。

以上より，離陸滑走距離は，$S_{\mathrm{g1}} + S_{\mathrm{reaction}} + S_{\mathrm{g2}}$ より求められる。

D.1.2　上昇への遷移に要する距離と離陸上昇距離

続いて，上昇への遷移に要する距離 S_{T} について考える。そのために，遷移中の飛行速度 V_{TRANS}（*11.2.3*〔*1*〕（*2*）項）におけるエンジンのラプスレートをD.1.1項と同様な方法で知る。また，エンジン一発停止時に風車状態になったエンジンによる抵抗増大とラダーの非対称状態による抵抗増大を加味したうえで，離陸フラップ，脚上げ状態での抵抗と揚力の関係あるいはそのときの抵抗–揚力曲線を知る。これより，式 (*11.23*) を用いて S_{T} を求める。

つぎに，遷移の終わりから screen height h_{s}（*11.2.3*〔*1*〕項，この場合は35 ft）に達するまでの距離 S_{C} を式 (*11.27*) より求める。

以上より，機体浮揚後から screen height に達するまでの距離は $S_{\mathrm{T}} + S_{\mathrm{C}}$ より求められる。ところで，遷移終了時の高度 h_{T}（式 (*11.26*)）が screen height を超えている場合は，$S_{\mathrm{T}} + S_{\mathrm{C}}$ を用いることはできない。その場合は，screen height までの距離を S_{S} として

$$S_{\mathrm{S}} = \sqrt{(r + h_{\mathrm{S}})^2 - r^2} \tag{D.3}$$

を $S_{\mathrm{T}} + S_{\mathrm{C}}$ の代わりに用いる（ここで，r は遷移中に機体が行う円運動の半径である。式 (11.24))。

以上，D.1.1 項と D.1.2 項より，ここで求めたい「臨界速度 V_1 でエンジン一発停止後に離陸を続行する場合の離陸距離」，すなわち「離陸滑走距離」，「上昇への遷移に要する距離」と「離陸上昇距離」の和は，$S_{g1}+S_{reaction}+S_{g2}+(S_T+S_C$ または $S_S)$ より求められる（**図 D.1**（a））。

なお，上述の S_T+S_C あるいは S_S に関する取扱いは，エンジン正常時の離陸距離推算の場合にも用いることを *11.2.3*〔*1*〕項の記載内容に追記しておく。付録 C の第 2 次サイジング用推算支援ツール内においても，S_T+S_C あるいは S_S を考慮に入れてある。

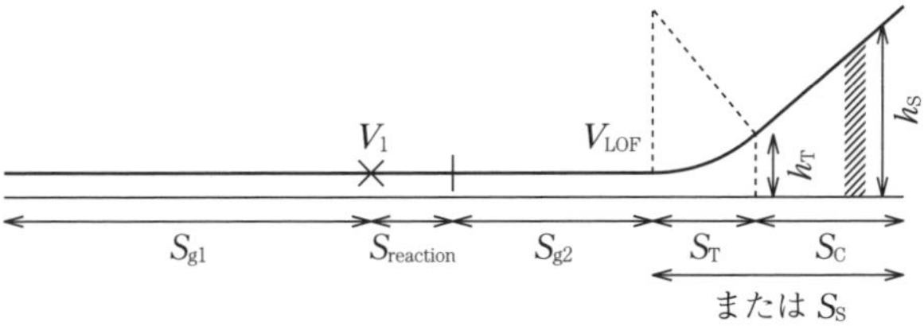

（a）　エンジン一発停止後に離陸を続行する場合

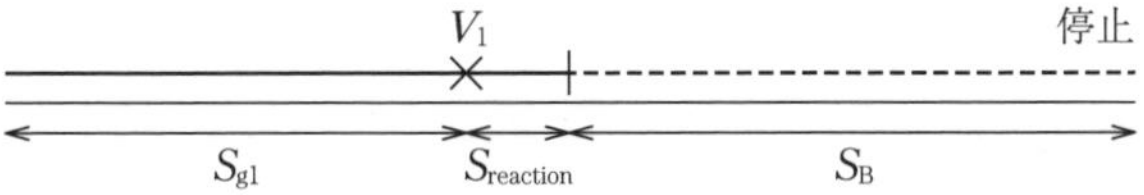

（b）　エンジン一発停止後に滑走路上で停止する場合

図 D.1　離陸距離と停止距離の説明図

D.2　エンジン一発停止後に滑走路上で停止するまでの停止距離

離陸開始からパイロットが制動を決断するまでの距離 $S_{g1}+S_{reaction}$ は，D.1 節の場合と同じである。

パイロットが制動を決断してから停止するまでの制動距離を S_B とする。S_B を求めるためには式 (*11.33*) と式 (*11.34*) を用いればよい。式中の K_A' に関して，離陸フラップ，脚下げ状態で，エンジン一発停止時に風車状態になったエンジンによる抵抗増大とラダー非対称状態による抵抗増大を考慮した C_{D0} の値を用いる。

以上より，「エンジン一発停止直後に離陸を断念し，滑走路上で停止するまでの停止距離」は $S_{g1}+S_{reaction}+S_B$ より求められる（図 D.1（b））。

おわりに

本書を終えるに当たって，これまでのまとめの意味も込めて，航空機開発を改めて見直してみたい。一つめは社会活動の観点から，二つめは人材の観点からである。

まず，航空機を飛ばすことで人類の発展に貢献するという航空機本来の目的を達成するために必要な社会活動を，組織や機関の面から整理しておく。

航空機を作り出すためには，前著や本書で取り上げたような概念設計から始まり，各種の開発作業が行われる（*1* 章，*14.5* 節）。そのうえで，1 章のコーヒーブレイクでも紹介した認証作業を完了して，初めて機体は運用されることになる。ここまでが，航空機開発と製造にかかわる社会活動である。しかし，航空機を飛ばすためには，これだけでは不十分であり，この

―航空機開発と製造事業関連

に加えて

―機体の運航と整備を行うエアラインや空港の運営といった航空運航関連*

―航空機の運航ルートなど，実際の飛行を管理する航空管制関連

―安全な運航を維持できる「きまり」を定める政府機関や国際機関といった制度設計関連*

―機体販売にかかわる商社や資金調達を行う金融機関という経済活動関連

―基本概念創成や学術的基礎を担う大学と研究機関における活動関連

といった活動が必要となる（なお，上で*を付けた項目に関しては，本書のコーヒーブレイクにおいても関連する内容をいくつか紹介した）。

以上のような異なる種目に属する機関の活動が有機的に組み合わされ，かつ総合的に活動することで，初めて航空機を飛ばして社会の発展に貢献できるといえる。前著や本書で述べた事柄は，あくまでもこれら一連の活動の一部であ

ることを改めて認識しておきたい。

以上の点に関しては，例えば，筆者も執筆者の一員であった文献 1）を参照していただくことで，「技術から産業・政策まで」の現在の航空界を取り巻くすべての事柄をより詳しく俯瞰していただくことができる。

つぎに，上記で述べた点にも関連するが，航空機開発に必要な人材という面も，この機会にまとめておきたい。

航空機を設計開発するために必要な人材は「**航空機製造技術者**」と呼ばれ，設計・開発技術者，生産技術者，技能者の三つの階層に分類するのが一般的である[2]。そして，これら三つの階層を取りまとめる**プロジェクトマネージャー**や複数の技術分野に精通して配下の技術者を束ねる**チーフデザイナー**（あるいは**チーフエンジニア**）の下で，航空機開発が遂行される[3]。

全機開発が進行していくと，つぎの段階として，開発された機体を市場に出すための認証取得作業が開始される（1 章のコーヒーブレイク）。また，機体が市場投入されたあとは，顧客対応（**カスタマーサポート**）の任に当たる技術者が重要になる。さらには，全機開発を継続するためには，次世代機の開発を担当する技術者も併行して必要になる。これら認証，カスタマーサポート，次世代機を担当する技術者には，それまで行ってきた全機開発における幅広い知識と経験が求められる[4]。

以上をまとめると，航空機開発に当たっては，**図 1** にまとめるようなさまざ

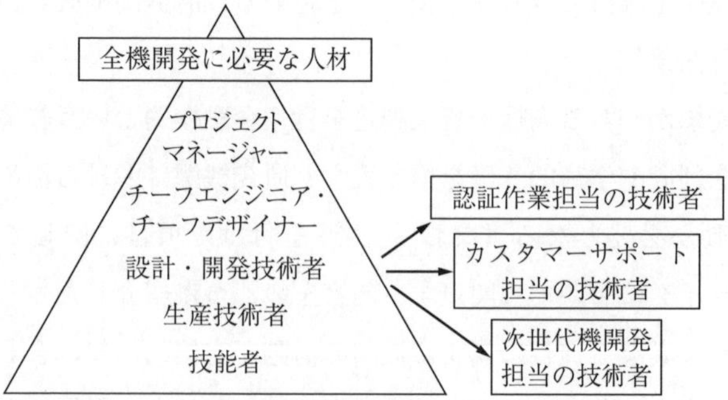

図 1　航空機開発に必要な技術者人材

まな人材が必要になると整理される。

このほかに，将来の航空機開発を担う人材育成という側面では，産業界と大学に加えて，「我が国の航空科学技術の研究開発の中核機関」であるJAXA（宇宙航空研究開発機構）との連携が重要であることはいうまでもない[5]。

現在，Mitsubishi SpaceJetは認証取得のための各種飛行試験の最終段階にあるが（**図2**），今後もわが国での航空機開発が継続していき，そこでは多くの航空機設計者，技術者が活躍される場が拡大していくことを切に望む次第である。

図2　飛行試験中のMitsubishi SpaceJet M90
（三菱航空機株式会社の許可を得て転載）

最後に，本書の執筆に当たっては，前著のときと同じく多くの方々のお世話になった。前著に引き続き本書の最終原稿は，今村太郎東京大学准教授に確認をいただき，使用した図面の一部は研究室の砂田保人助教に描いていただいた。本書で読者に提供し，I部で実際に使用した各種推算支援ツールは，筆者の研究室の学生であった藤井健太君がその基本形態をまとめ上げてくれ，毎年開講の「航空機設計法」の講義で受講生に提供しながら修正を加えてきたものをベースにしている。

II部で紹介したハイブリッド電動航空機の概念設計法と設計結果は，2014年度に東京大学航空宇宙工学専攻において今村太郎准教授とともに担当した大学院講義「航空機設計特論」を受講した原田基至君，左海将之君，玉置義治君，豊田広祐君，服部優子さん，前泊倫君，臼杵智章君，大森太加君，千葉崇君，益子哲行君，蒋理君，佐藤良亮君，以上の大学院生のみなさんが検討し，概念設計を行ってくれた内容を基にしている。本書を執筆するに当たっては，特に豊田広祐君からは改めて一部の内容を確認していただいた。また，宇宙航空研究開発機構の岡井敬一氏からは，Ⅱ部の原稿に詳細なコメントと貴重な示唆をいただいた。

Ⅲ部で紹介した航空機システムに関しては，研究室の学生であった柴田一騎君が検討してくれた内容を一部ベースにしている。その検討の際には，IHI株式会社の森岡典子氏と大依仁氏から多大なご教示をいただいた。今回の執筆に際しても，大依仁氏からは多くのコメントとご示唆をいただいた。

本書に掲載した機体や装備品類の写真については，三菱航空機株式会社，住友精密工業株式会社，ナブテスコ株式会社の3社から，写真の転載の許可を受けるに際して，ご理解とご協力をいただいた。

コロナ社からは，本書出版の提案から執筆，編集に至るまで多くの助言をいただいた。

以上の皆様にこの場を借りて厚く御礼申し上げる次第である。なお，本書の内容に関しては，上記の方々ではなく，あくまでも筆者本人が責任を負っていることはいうまでもない。

本書の内容に関しては，執筆に当たって十分に慎重を期したつもりではあるが，筆者の理解の足りない点や誤解している点が含まれているかもしれない。特にⅡ部とⅢ部では，現在研究開発が進行中であり，今後大きく変貌を遂げることが予想される電動化と航空機システム分野を取り上げている。このため，特にこれらの分野に精通されている読者の皆様からコメントをいただければ幸いである。また，Ⅰ部の概念設計例で示した数値や各種推算支援ツールについても，細心の注意を払って数値を求めたり，ツールを構築してきたりしたつもりではあるが，見落としや計算間違いなどが含まれているかもしれない。この点もあらかじめご容赦いただきたい。

最後に本書が，航空機に興味を持ち，今後のわが国における航空機研究開発の最前線で活躍したいと考えている学生諸氏ならびに若い技術者の方々の役に立つことができれば，筆者として望外の喜びである。

引用・参考文献

1 章

1） 日本航空機開発協会：民間航空機に関する市場予測 2017-2036（2017）

［**コーヒーブレイク**］

1） 鈴木真二，川上光男，小瀬木滋，伊藤一宏，小林真一，渋武　容：航空技術認証取得体制の構築に向けて～ MRJ 開発から分かったこと～，日本航空宇宙学会誌，**66**，pp.89 ～ 97（2018）

2） 国土交通省航空機検査制度等小委員会：現行の航空機検査制度の概要（更新耐空証明制度・装備品の安全確保に係る制度），第 4 回配付資料 4（2018），retrieved from http://www.mlit.go.jp/policy/shingikai/s304_kokukikensaseidokento01.html（2018 年 11 月 16 日）

2 章

1） P. Jackson: Jane's All the World's Aircraft, Jane's Information Group Inc.（2014 ～ 2015）

［**コーヒーブレイク**］

1） （社）日本機械工業連合会，（財）航空機国際共同開発促進基金：平成 15 年度大型精密機器システム基盤技術の開発振興に関する調査研究事業報告書―航空機等次世代国際共同開発基盤調査事業―（2004）

2） （社）日本機械工業連合会，（財）航空機国際共同開発促進基金：平成 16 年度大型精密機器システム基盤技術の開発振興に関する調査研究事業報告書― 21 世紀型航空機国際共同開発振興に係る事業のライフサイクル高度化調査事業―（2005）

3 章

1） 加藤寛一郎，大屋昭男，柄沢研治：航空機力学入門，東京大学出版会（1982）

2） 日本航空宇宙学会編：航空機データ・シート集第 1 集，DATA SHEET 11-07（1971）

3） A. K. Kundu: Aircraft Design, Cambridge University Press（2010）

4） L. R. Jenkinson, P. Simpkin, and D. Rhodes: Civil Jet Aircraft Design, Data Sets, Data A, Aircraft Data File, retrieved from http://booksite.elsevier.com/9780340741528/appendices/data-a/default.htm（2017 年 12 月 28 日）.

5） 日本航空宇宙学会編：航空機データ・シート集第1集，DATA SHEET 11-06 (1971)
6） Pratt & Whitney: PW1500G Engine, S16310-J.05.16 (2016), retrieved from http://www.purepowerengine.com/pdf/pcards/CE_PW1500G-engine.pdf (2017年12月19日)
7） L. R. Jenkinson, P. Simpkin, and D. Rhodes: Civil Jet Aircraft Design, AIAA (1999)
8） J. Miyakawa: Overview of MRJ Program and Systems, ICAS Biennial Workshop – 2015 "Complex Systems Integration in Aeronautics" (2015), retrieved from http://www.icas.org/media/pdf/Workshops/2015/ICAS%20Workshop%202015%20Miyakawa.pdf (2015年9月28日)

[コーヒーブレイク]
1） 国土交通省：乗員政策等検討合同小委員会第6回配布資料 参考資料，p.2 (2014)，retrieved from http://www.mlit.go.jp/policy/shingikai/s304_jyouin.html (2018年8月24日)
2） 国土交通省：航空機の操縦士技能証明制度等のあり方検討会第3回配布資料2 技能証明制度について，p.3 (2009)，retrieved from http://www.mlit.go.jp/koku/koku_fr11_000000.html (2018年8月24日)
3） 航空輸送技術研究センター：Multi-Crew Pilot License に関する調査研究報告書 (平成19年度) (2008)
4） 日本航空プレスリリース；JAL，パイロット訓練において日本初となる MPL 訓練を導入 (2013)，retrieved from http://press.jal.co.jp/ja/release/201310/001853.html (2019年6月6日)

4　章

1） I. H. Abott and A. E. Doenhoff, von: Theory of Wing Sections, Dover (1959)
2） E. Torenbeek: Synthesis of Subsonic Airplane Design, Delft University Press (1976)

[コーヒーブレイク]
1） W. K. Kershner: The Flight Instructor's Manual, 3rd Edition, p.314, Iowa State University Press (1993)

5　章

1） EASA (European Aviation Safety Agency): Type Certificate Data Sheet for PW1500G Series Engines, TCDS No.IM.E.090 Issue 5 (2018)
2） Pratt & Whitney: PW1500G Engine, S16310-J.05.16 (2016), retrieved from http://www.purepowerengine.com/pdf/pcards/CE_PW1500G-engine.pdf (2017年12月19日)
3） J. Roskam: Airplane Design, Part V, Component Weight Estimation, DARcorporation (1985)

6 章

1） R. D. Schaufele: The Elements of Aircraft Preliminary Design, Aries Publications（2000）
2） P. Jackson: Jane's All the World's Aircraft, Jane's Information Group Inc.（2014 ～ 2015）
3） D. P. Raymer: Aircraft Design: A Conceptual Approach, 2nd Ed., AIAA（1992）

7 章

1） 航空機国際共同開発促進基金：新しい飛行機の形，航空機等に関する解説概要，29-7（2018）, retrieved from http://www.iadf.or.jp/document/pdf/29-7.pdf（2019 年 3 月 17 日）
2） 国土交通省航空機検査制度等検討小委員会：航空機の安全確保と取り巻く環境の変化，第 1 回委員会資料 2，pp.17 ～ 18（2018），retrieved from http://www.mlit.go.jp/policy/shingikai/s304_kokukikensaseidokento01_past.html（2018 年 12 月 9 日）
3） 飯塚秋成，鈴木真二：国際民間航空と地球環境問題～国際航空民間航空機関（ICAO）第 38 回総会決議～，日本航空宇宙学会誌，**62**，5，pp.165 ～ 166（2014）
4） 新エネルギー・産業技術総合開発機構（NEDO）技術戦略研究センター：次世代バイオ燃料分野の技術戦略策定に向けて，TSC Foresight No.21（2017），retrieved from https://www.nedo.go.jp/content/100870191.pdf（2018 年 12 月 9 日）
5） C. L. Bowman, J. L. Felder, and T. V. Marien: Turbo- and Hybrid-Electrified Aircraft Propulsion Concepts for Commercial Transport, AIAA 2018-4984（2018）
6） D. F. Finger, C. Braun, and C. Bil: An Initial Sizing Methodology for Hybrid-Electric Light Aircraft, AIAA 2018-4229（2018）
7） 西沢　啓：電動化による航空のイノベーション，JAXA 航空シンポジウム 2018（2018），retrieved from http://www.aero.jaxa.jp/publication/event/pdf/sympo181003/sympo06.pdf（2019 年 1 月 2 日）
8） 西沢　啓，小林　宙，飯島朋子，山崎宏二，奥山政広，田頭　剛，平野義鎮，吉村彰記，進藤重美，岡井敬一：航空機用電動推進システム技術の飛行実証，日本航空宇宙学会誌，**65**，pp.196 ～ 200（2017）
9） M. K. Bradley and C. K. Droney: Subsonic Ultra Green Aircraft Research: Phase I Final Reprot, NASA CR-2011-216847（2011）
10） Airbus: Airbus, Rolls-Royce, and Siemens team up for electric future partnership launches E-fan X hybrid-electric flight demonstrator（2017）, retrieved from https://www.airbus.com/newsroom/press-releases/en/2017/11/airbus--rolls-royce--and-siemens-team-up-for-electric-future-par.html（2019 年 1 月 3 日）
11） 岩崎祐介，姫野武洋，渡辺紀徳，立石　敦，佐久間康典：サイクル解析に基づ

く電動化航空機エンジンの性能評価，第 46 回日本ガスタービン学会定期講演会講演論文集，C-14（2018）
12）原田基至，左海将之，玉置義治，豊田広祐，服部優子，前泊　倫，臼杵智章，大森太加，千葉　崇，益子哲行，蒋　理，佐藤良亮，今村太郎，李家賢一：ハイブリッド推進航空機の概念設計―航空機設計教育の一例―，日本航空宇宙学会第 46 期年会講演会，B18（2015）
13）上田純也，志築隆弘，園田輝男，石田義貴：航空機用大型リチウムイオン電池の開発，GS Yuasa Technical Report，**7**，1，pp.14 ～ 19（2010）
14）新エネルギー・産業技術総合開発機構（NEDO）：低炭素社会に向けたブレークスルーに挑む次世代蓄電池，Focus NEDO，**69**（2018）
15）Md. A. Rahman, X. Wang, and C. Wen: A review of high energy density lithium-air battery technology, J. Appl. Electrochem., **44**, p.1（2014）

［**コーヒーブレイク**］
1）国土交通省航空機検査制度等小委員会：航空機の安全確保と取り巻く環境の変化，第 1 回配付資料 2（2018），retrieved from http://www.mlit.go.jp/policy/shingikai/s304_kokukikensaseidokento01.html（2018 年 11 月 29 日）
2）全日本空輸：Welcome to ANA Maintenance Facility Tour（2018）
3）李家賢一：対馬空港とオリエンタルブリッジのいま―そして地域航空の持続可能な未来をめざして―，日本の空港はいま，第 15 回，ていくおふ，No.152，pp.42 ～ 49（2018）

8　章
1）原田基至，左海将之，玉置義治，豊田広祐，服部優子，前泊　倫，臼杵智章，大森太加，千葉　崇，益子哲行，蒋　理，佐藤良亮，今村太郎，李家賢一：ハイブリッド推進航空機の概念設計―航空機設計教育の一例―，日本航空宇宙学会第 46 期年会講演会，B18（2015）
2）M. K. Bradley and C. K. Droney: Subsonic Ultra Green Aircraft Research: Phase I Final Report, NASA CR-2011-216847（2011）
3）明電舎：明電立軸高圧三相かご形誘導電動機カタログ，CA557-2936B（2012），retrieved from https://www.meidensha.co.jp/catalog/ca/CA557-2936.pdf（2019 年 2 月 17 日）
4）三菱電機：三相モータ総合カタログ，L（名）74101121-Q1405（IP）（2014），retrieved from http://dl.mitsubishielectric.co.jp/dl/fa/document/catalog/i_motor/l74101121/l74101121-q.pdf（2019 年 2 月 17 日）
5）小坂　卓：SMC コアを利用したハイブリッド界磁モータの研究開発，H22_3_25 NEDO プレスリリース（2010），retrieved from https://www.nedo.go.jp/content/100080356.pdf（2019 年 2 月 19 日）
6）G. V. Brown, et al.: NASA Glenn Research Center Program in High Power Density

Motors for Aeropropulsion, NASA TM-2005-213800 (2005)
7) 富士電機：富士高圧 IGBT インバータ FRENIC4600FM5d カタログ (2012), retrieved from http://www.fujielectric.co.jp/products/adjustable_speed_drive/container/doc/RC92-52a.pdf (2019 年 2 月 17 日)
8) Md. A. Rahman, X. Wang, and C. Wen: A review of high energy density lithium-air battery technology, J. Appl. Electrochem., **44**, pp.5 ～ 22 (2014)
9) Boeing: 737 Airplane Characteristics for Airport Planning, retrieved from http://www.boeing.com/assets/pdf/commercial/airports/acaps/737.pdf (2019 年 2 月 17 日)
10) 大依　仁：次世代モビリティのための旅客機と電動化システムの将来，IHI 技報，**59**，pp.34 ～ 41 (2019)
11) H. D. Kim: Distributed propulsion vehicles, Proc. 27th Congress of the International Council of the Aeronautical Sciences, ICAS-2010-1.1.3 (2010)

［**コーヒーブレイク**］
1) （公財）航空機国際共同開発促進基金：航空機の騒音低減技術に関する研究動向について，航空機等に関する解説概要，19-3 (2007)，retrieved from http://www.iadf.or.jp/document/pdf/19-3.pdf (2018 年 8 月 24 日)
2) 国土交通省交通政策審議会航空分科会基本政策部会：航空機騒音対策について，第 12 回　資　料 2 (2014)，retrieved from http://www.mlit.go.jp/common/001027543.pdf (2018 年 8 月 24 日)
3) 大石　勉：航空機騒音源の低減対策について，日本音響学会誌，**73**，11，pp.725 ～ 730 (2017)
4) 文部科学省航空科学技術委員会：FQUROH 飛行実証試験結果の報告について，第 56 回委員会資料 No.56-3-1 (2018)，retrieved from http://www.mext.go.jp/b_menu/shingi/gijyutu/gijyutu2/004/shiryo/1402078.htm (2018 年 12 月 9 日)

9 章
1) I. Moir and A. Seabridge: Design and Development of Aircraft Systems, Second Edition, Wiley, New Jersey (2013)
2) I. Moir and A. Seabridge: Aircraft Systems, Mechanical, Electrical and Avionics Subsystems Integration, Second Edition, Wiley, New Jersey (2008)
3) 飛行機の百科事典編集委員会編：飛行機の百科事典，丸善 (2009)
4) K. Kundu, M. A. Price, and D. Riordan: Conceptual Aircraft Design: An Industrial Approach, Wiley, New Jersey (2019)
5) 航空機国際共同開発促進基金：最近の降着装置システムに関する技術動向，航空機等に関する解説概要，16-4-7 (2004)
6) 航空輸送技術研究センター：NHF 飛行試験の見直しに係る技術検討（航空機安全に係る国際連携強化調査報告書別冊）(2016)

7） J. P. Fielding: Introduction to Aircraft Design, Cambridge University Press (1999)
8） 鈴木真二，川上光男，小瀬木滋，伊藤一宏，小林真一，渋武　容：航空技術認証取得体制の構築に向けて～ MRJ 開発から分かったこと～，日本航空宇宙学会誌，**66**，pp.89 ～ 97（2018）
9） Society of Automotive Engineers: Certification Considerations for Highly Integrated or Complex Aircraft Systems, SAE ARP 4754 (1996)
10） 航空機国際共同開発促進基金：航空機システム／構成品の開発プロセス，航空機等に関する解説概要，29-4（2017）
11） 航空機国際共同開発促進基金：航空機装備品の電気化（MEA）の動向，航空機等に関する解説概要，24-1（2012）

［**コーヒーブレイク**］

1） Boeing: 777 Performance Summary, retrieved from http://www.boeing.com/assets/pdf/commercial/startup/pdf/777_perf.pdf (2018 年 11 月 23 日)
2） Boeing: Boeing 777X by Design, retrieved from http://www.boeing.com/commercial/777x/by-design/#/777-8-characteristics (2018 年 11 月 23 日)
3） 鈴木真二，川上光男，小瀬木滋，伊藤一宏，小林真一，渋武　容：航空技術認証取得体制の構築に向けて～ MRJ 開発から分かったこと～，日本航空宇宙学会誌，**66**，pp.89 ～ 97（2018）
4） 森田　舜，李家賢一：運航上望まれる旅客機の概念設計とそれに係る機体パラメータの考察，日本航空宇宙学会第 56 回飛行機シンポジウム講演集，1S06 (2018)

10　章

1） I. Moir and A. Seabridge: Aircraft Systems Mechanical, Electrical and Avionics Subsystems Integration, Second Edition, Wiley, New Jersey (2008)
2） 飛行機の百科事典編集委員会編：飛行機の百科事典，丸善（2009）
3） K. Kundu, M. A. Price, and D. Riordan: Conceptual Aircraft Design: An Industrial Approach, Wiley, New Jersey (2019)
4） I. Martinez: Aircraft Environmental Control, retrieved from http://webserver.dmt.upm.es/~isidoro/tc3/Aircraft%20ECS.pdf (2012 年 11 月 9 日)
5） 中村惣一：航空整備士のかなりマニアックな飛行機豆知識　Vol.1 エアコン編，航空技術，**763**，pp.53 ～ 54（2018）
6） 航空機国際共同開発促進基金：航空機に搭載される空調システムに関する技術動向，航空機等に関する解説概要，17-5-8（2005），retrieved from http://www.iadf.or.jp/document/pdf/17-5-8.pdf（2019 年 3 月 23 日）
7） 田中祐介，李家賢一：フライトシミュレータによる着氷時における単発レシプロ機の挙動の検討，日本空港宇宙学会第 50 回飛行機シンポジウム講演集，1E03（2012）

8） AIM-JAPAN 編纂委員会編集：Aeronautical Information Manual Japan, AIM-J, 2019 年前期版（2018）
9） M. Bragg, A. Broeren, H. Addy, M. Potapczuk, D. Guffond, and E. Montreuil: Airfoil Ice-Accretion Aerodynamics Simulation, AIAA Paper 2007-0085（2007）
10） I. Moir and A. Seabridge: Design and Development of Aircraft Systems, Second Edition, Wiley, New Jersey（2013）
11） 柴田一騎，前泊　倫，李家賢一，森岡典子，大依　仁：航空機二次動力システムを考慮に入れた概念設計手法と More Electric システムへの応用に関する研究，日本航空宇宙学会第 52 回飛行機シンポジウム講演集，2G01（2014）
12） K. Shibata, T. Maedomari, K. Rinoie, N. Morioka, and H. Oyori: Aircraft Secondary Power System Integration into Conceptual Design and Its Application to More Electric System, SAE 2014-01-2199（2014）
13） 柴田一騎，李家賢一：二次動力システムを考慮に入れた航空機概念設計手法に関する研究，航空宇宙技術，**14**，pp.23 ～ 32（2015）
14） M. Sinnett: 787 No-Bleed Systems: Saving Fuel and Enhancing Operational Efficiencies, Boeing Aero Quarterly, **4**, pp.6 ～ 11（2007）
15） 柴田一騎，李家賢一：層流制御システムをとりいれた航空機の概念設計手法に基づく性能検討，航空宇宙技術，**17**，pp.19 ～ 28（2018）

［コーヒーブレイク］

1） 経済産業省製造産業局航空機武器宇宙産業課：我が国航空機産業の現状と課題（2013），retrieved from https://www.meti.go.jp/committee/summary/0001640/pdf/059_h02_00.pdf（2018 年 8 月 24 日）
2） 海上泰生：航空機産業にみられる部品供給構造の特異性―極めて高い安全性要求が生み出す特徴的な規律と参入障壁―，日本政策金融公庫論集，11，pp.21 ～ 46（2011）
3） 畑田浩之：3 兆円産業への成長が期待される航空機産業，ていくおふ，145，pp.4 ～ 11（2017）

付録　A

1） D. P. Raymer: Aircraft Design: A Conceptual Approach, AIAA（1992）
2） H. Schlichting and E. Truckenbrodt: Aerodynamics of the Airplane, McGraw-Hill（1979）
3） R. D. Finck and D. E. Hoak: USAF Stability and Control DATCOM, Wright-Patterson Air Force Base（1978）.
4） J. Roskam: Airplane Design, Part VI, Preliminary Calculation of Aerodynamic, Thrust and Power Characteristics, DARcorporation（1987）
5） 山名正夫，中口　博：飛行機設計論，養賢堂（1968）
6） G. C. Furlong and J. G. McHugh: A Summary and Analysis of the Low-speed

Longitudinal Characteristics of Swept Wings at High Reynolds Number, NACA Report 1339 (1957)

7) C. D. Harris: NASA Supercritical Airfoils, A Matrix of Family-Related Airfoils, NASA-TP-2969 (1990)

8) A. D. Young: The Aerodynamic Characteristics of Flaps, A.R.C. R&M, No.2622 (1947)

9) H. Schlichting: Boundary-Kayer Theory, 7th Ed., McGraw-Hill (1979)

10) M. W. Rubesin, R. C. Maydew, and S. A. Varga: An Analytical and Experimental Investigation of the Skin Friction on the Turbulent Boundary Layer on a Flat Plate at Supersonic Speeds, NACA TN 2305 (1951)

11) E. Torenbeek: Synthesis of Subsonic Airplane Design, Delft University Press (1976)

12) S. Hoerner: Fluid Dynamic Drag, published by the author (1965)

13) R. D. Schaufele: The Elements of Aircraft Preliminary Design, Aries Publications. (2000)

14) L. M. Nicolai: Fundamentals of Aircraft Design, METS Inc. (1975)

15) L. R. Jenkinson, P. Simpkin, and D. Rhodes: Civil Jet Aircraft Design, AIAA (1999)

16) R. P. Johnson: An Empirical Method for the Prediction of Airplane Drag Divergence Mach Number, RAND RM-1188 (1953)

17) Engineering Sciences Data Unit: Transonic Data Memorandum: A Method for Estimating Drag-Rise Mach Number at Zero Incidence of Smooth or Bumpy Non-ducted Axisymmetric Bodies without or with Fins, ESDU-74013 (1974)

18) W. H. Mason: Transonic Aerodynamics of Airfoils and Wings, retrieved from https://www.dept.aoe.vt.edu/~mason/Mason_f/ConfigAeroTransonics.pdf (2018年5月24日)

19) W. F. Hilton: High Speed Aerodynamics, Longmans, Green & Co. (1952)

20) C. R. Hanke and D. R. Nordwall: The Simulation of a Jumbo Jet Transport Aircraft. Volume 2: Modeling Data, NASA CR-114494 (1970)

21) W. A. Mair and D. L. Birdsall: Aircraft Performance, Cambridge University Press (1992)

22) L. R. Jenkinson, P. Simpkin, and D. Rhodes: Civil Jet Aircraft Design, Data Sets, Data A, Aircraft Data File, retrieved from http://booksite.elsevier.com/9780340741528/appendices/data-a/default.htm (2017年12月28日)

23) E. Obert: Aerodynamic Design of Transport Aircraft, IOS Press (2009)

24) H. Ashley and M. Landahl: Aerodynamics of Wings and Bodies, Dover (1965)

25) R. T. Jones: Wing Theory, Princeton University Press (1990)

26) D. Howe: Aircraft Conceptual Design Synthesis, Professional Engineering Publishing (2000)

27) M. Nita and D. Sholz: Estimating the Oswald Factor from Basic Aircraft

Geometrical Parameters, Deutscher Luft- und Raumfahrtkongress 2012 (2012)
28) C. P. van Dam: The Aerodynamic Design of Multi-Element High-Lift Systems for Transport Airplanes, Progress in Aerospace Sciences, 38, pp.101 ～ 144 (2002)

付録　B

1) D. Howe: Aircraft Conceptual Design Synthesis, Professional Engineering Publishing (2000)

付録　C

1) L. R. Jenkinson, P. Simpkin, and D. Rhodes: Civil Jet Aircraft Design, AIAA (1999)
2) D. Howe: Aircraft Conceptual Design Synthesis, Professional Engineering Publishing (2000)

付録　D

1) 山名正夫，中口　博：飛行機設計論，養賢堂（1968）
2) L. R. Jenkinson, P. Simpkin, and D. Rhodes: Civil Jet Aircraft Design, AIAA (1999)

おわりに

1) 東京大学航空イノベーション研究会，鈴木真二，岡野まさ子：現代航空論　技術から産業・政策まで，東京大学出版会（2012）
2) 航空機整備士・製造技術者養成連絡協議会：製造技術者ワーキンググループ，平成 26 年度とりまとめ（2015），retrieved from https://www.jaea.or.jp/wp-content/uploads/2015/04/02_1　製造技術者 WG 平成 26 年度とりまとめ.pdf（2018 年 8 月 24 日）
3) 李家賢一，小林　孝，石川主典，伊佐野康夫，船渡川治，張替正敏，麻生　茂，小林　修：パネルディスカッション「航空機産業界から見た大学教育のあり方」（前半）および（後半），日本航空宇宙学会誌，**56**，653，pp.164 ～ 173 および 654，pp.191 ～ 200（2008）
4) 鈴木真二，李家賢一，酒井正子，渡辺　安，伊藤一彦，宍戸昌憲：パネルディスカッション「航空機産業の発展がもたらすものと発展のために求められるもの」，平成 27 年度航空イノベーションセミナー，（一社）中部航空宇宙産業技術センター，東京大学航空イノベーション研究会共催（2016）
5) 文部科学省科学技術・学術審議会研究計画・評価分科会：研究開発計画，第 5 章 国家戦略上重要な基幹技術の推進，第 2 節 研究開発の企画・推進・評価を行う上で留意すべき推進方策（2017），retrieved from http://www.mext.go.jp/b_menu/shingi/gijyutu/gijyutu2/toushin/attach/1384444.htm（2018 年 11 月 26 日）

索　　引

——著 者 略 歴——

1982 年　東京大学工学部航空学科卒業
1984 年　東京大学大学院工学系研究科修士課程修了（航空学専門課程）
1984 年　東京大学助手
1988 年　工学博士（東京大学）
1988 年　科学技術庁航空宇宙技術研究所勤務
1993 年　東京大学助教授
2004 年　東京大学教授
　　　　現在に至る
2013 年　日本航空宇宙学会第 45 期会長

航空機設計法 実践編
——小型ジェット旅客機からハイブリッド電動航空機の概念設計まで——
Aircraft Conceptual Design: Practices and Applications
——from Short-Range Jet Transport to Hybrid Electric Aircraft——

2020 年 1 月 27 日　初版第 1 刷発行　★

検印省略

著　者　李《りの》　家《いえ》　賢《けん》　一《いち》
発 行 者　株式会社　コ ロ ナ 社
　　　　　代 表 者　牛 来 真 也
印 刷 所　新 日 本 印 刷 株 式 会 社
製 本 所　有限会社　愛千製本所

112-0011　東京都文京区千石 4-46-10
発 行 所　株式会社　コ ロ ナ 社
CORONA PUBLISHING CO., LTD.
Tokyo Japan
振替 00140-8-14844・電話(03)3941-3131(代)
ホームページ　https://www.coronasha.co.jp

ISBN 978-4-339-04663-2　C3053　Printed in Japan　（新井）